多元视角下的大学数学教学研究

李海霞 刘 欣 于 丽 著

吉林摄影出版社
·长春·

图书在版编目（CIP）数据

多元视角下的大学数学教学研究 / 李海霞，刘欣，
于丽著. -- 长春：吉林摄影出版社，2022.12

ISBN 978-7-5498-5671-8

Ⅰ．①多… Ⅱ．①李… ②刘… ③于… Ⅲ．①高等数
学－教学研究－高等学校 Ⅳ．①O13

中国版本图书馆CIP数据核字（2022）第229161号

多元视角下的大学数学教学研究
DUOYUAN SHIJIAOXIA DE DAXUE SHUXUE JIAOXUE YANJIU

著　　者	李海霞　刘　欣　于　丽
出 版 人	车　强
责任编辑	王　岩
封面设计	文　亮
开　　本	787 毫米 ×1092 毫米　1/16
字　　数	220 千字
印　　张	9
版　　次	2022 年 12 月第 1 版
印　　次	2023 年 1 月第 1 次印刷
出　　版	吉林摄影出版社
发　　行	吉林摄影出版社
地　　址	长春市净月高新技术开发区福祉大路 5788 号
	邮编：130118
网　　址	www.jlsycbs.net
电　　话	总编办：0431-81629821
	发行科：0431-81629829
印　　刷	河北创联印刷有限公司

书　　号　ISBN 978-7-5498-5671-8　　　定　价：56.00 元

版权所有　侵权必究

前　言

　　对于高等教育而言，大学数学教学是十分重要的环节。大学数学不仅培养学生掌握基础的数学知识，同时还培养学生的数学思维以及学生的综合能力。但是传统的大学数学教学方法、教学手段、教学内容以及考试方式都不能满足不断发展的教育形势。因此，大学数学教学要积极地进行改革与创新，从而使大学教育紧跟时代步伐，真正推动高等教育不断发展。

　　在教授数学知识的过程中，要始终坚持以学生为主体，发挥学生的主观能动性，让学生在课堂上积极思考；以教师为主导，实行多向交流，有针对性地进行教学。按照学期培养目标和教学要求，运用多种形式的教学方法开展教学工作，严格制定教学大纲。为了更好地实现教学目标，让学生真正掌握数学知识并运用到实践中，提高教学水平，教师需要采取更加有效的教学方法来实施教学。传统的教学方法已经不能适应如今的教学模式，教学中应充分发挥学生的主体作用，教师与学生之间积极互动，做到交流教学，而不是只有老师在上面讲，学生似懂非懂地听。

　　从大学教学的目标出发，数学教学应当以培养综合性人才为主要教学目标，因此，教师可以通过开设互动式课堂的模式，设置与数学题目有关的知识，通过这种方式，充分利用网络资源，让学生到图书馆查询知识，并开展小组之间的交流与讨论，分享知识成果。各小组可以通过派代表进行演讲的方式，与小组外的其他成员进行沟通和交流，并听取教师的指导意见。这种做法能更好地调动学生的学习积极性和学习热情，培养学生参与学习活动的兴趣。

　　为了提升本书的学术性与严谨性，在撰写过程中，笔者参阅了大量的文献资料，引用了诸多专家学者的研究成果，因篇幅有限，不能一一列举，在此一并表示最诚挚的感谢。由于时间仓促，加之笔者水平有限，在撰写过程中难免有不足之处，希望各位读者不吝赐教，提出宝贵的意见，以便笔者在今后的学习中加以改进。

著　者

2022 年 9 月

目　录

第一章　大学数学教学理念

第一节　数学教学的发展理念

21 世纪是一个科技快速发展，国际竞争激烈的时代，科技竞争归根结底是人才的竞争。培养和造就高素质的科技人才已经成为全世界各国教育改革中的一个非常重要的目标。我国适时地在全国范围内开展了新课程的改革运动。社会在发展，科技在进步，大学是培养高素质人才的摇篮，大学数学教育也必须要满足社会快速发展的需要。所以新课程的教育理念、价值及内容都在不断地进行改革。

一、教学论的发展历史

数学课常使人产生一种错觉：数学家几乎理所当然地在制定一系列的定理，使学生淹没在成串的定理中。从课本的叙述中，学生根本无法感受到数学家所经历的艰苦漫长的求证道路，感受不到数学本身的美。通过数学史，教师可以让学生明白：数学并不枯燥呆板，而是一门不断进步的生动有趣的学科。所以，在数学教育中应该有数学史表演的舞台。

（一）东方数学发展史

在东方国家中，数学在古中国的摇篮里逐渐成长起来，中国的数学水平可以说是数一数二的，是东方数学的研究中心。

古人的智慧不容小觑，在祖先们的逐步摸索中，我们见识到了老祖宗从结绳记事到"书契"，再到写数字。在原始社会，每一个进步都要间隔上百万年乃至上千年。春秋时期，祖先们能够书写 3000 以上的数字。逐渐地，他们意识到了仅仅是能够书写数字是不够的，于是便产生了加法与乘法的萌芽。与此同时，数学开始出现在书籍上。

战国时期出现了四则运算，《荀子》《管子》《周逸书》中均有不同程度的记载。乘除的运算在公元 3 世纪的《孙子算经》中有较为详细的描述。现在多有运用的勾股定理亦在此时出现。算筹制度的形成大约在秦汉时期，筹的出现可谓是中国数学史上的一座里程碑，在《孙子算经》中有记载其具体算数的方法。

《九章算术》的出现可以说将中国数学推到了顶峰地位。它是古中国第一部专门阐述数学的著作，是"算经十书"中最重要的部分。后世的数学家在研习数学时，多以《九章算术》启蒙，其在隋唐时期就传入了朝鲜、日本。其中我国最早出现了负数的概念，远远领先于其他国家。遗憾的是，从宋末到清初，由于战争的频繁、统治的思想理念等种种原因，我国的数学走向了低谷。然而，在此期间，西方的数学迅速发展，西方数学的成长将我国数学甩得很远。不过，我国也并非止步不前，至今很多人还在用的算盘出现在元末，随之而来出现了很多口诀及相关书籍。算盘，是数学历史上一颗灿烂的明珠。

16世纪前后，西方数学被引入中国，中西方数学开始有了交流，然而好景不长，清政府闭关锁国的政策让中国的数学家再一次坐井观天，只得对之前的研究成果继续钻研。这一时期，发生了几件大事，鸦片战争失败，洋务运动兴起，让数学中西合璧，此时的中国数学家虽然也取得了一些成就，如幂级数等。然而，中国已不再独占鳌头。19世纪末20世纪初，出现了留学高潮，代表人物有陈省身、华罗庚等人。此时的中国数学，已经带有现代主义色彩。新中国成立以后，我国百废待兴，数学界也没有什么建树。随着郭沫若先生《科学的春天》的发表，数学才开始有了起色，我国的数学水平已然落后于世界。

（二）西方数学发展史

古希腊是四大文明古国之一，其数学发展在当时可谓万众瞩目。学派是当时数学发展的主流，各学派做出的突出贡献改变了世界。最早出现的学派是以泰勒斯为代表的爱奥尼亚学派，毕达哥拉斯学派的初等数学、勾股定理，还有以芝诺为代表的悖论学派。在雅典有柏拉图学派，柏拉图推崇几何，并且培养出许多优秀的学生，比较为人熟知的有亚里士多德。亚里士多德的贡献并不比他的老师少，亚里士多德创办了吕园学派，逻辑学即为吕园学派所创立，同时也为欧几里得著的《几何原本》奠定了基础。《几何原本》是欧洲数学的基础，被认为是历史上最成功的教科书，在西方的流传广度仅次于《圣经》。它采用了逻辑推理的形式贯彻全书。哥白尼、伽利略、笛卡儿、牛顿等数学家都受《几何原本》的影响，创造出了伟大的成就。

现今，我们在计数时普遍用的是阿拉伯数字。阿拉伯数学于8世纪兴起，15世纪衰落，是伊斯兰教国家所建立的数学，阿拉伯数学的主要成就有一次方程解法、三次方程几何解法、二项展开式的系数等。在几何方面：欧几里得的《几何原本》，13世纪时，纳速拉丁首先从天文学里把三角分割出来，让三角学成为一门独立的学科。从12世纪时起，阿拉伯数学渐渐渗透到了西班牙和欧洲。而1096年到1291年的十字军远征，让希腊、印度和阿拉伯人的文明，中国的四大发明传入了欧洲，意大利有利的地理位置使其迎来了新时代。

到了 17 世纪，数学的发展实现了质的飞跃，笛卡儿在数学中引入了变量，成为数学史上一个重要转折点；英国科学家和德意志数学家分别独立创建了微积分。继解析几何创立后，数学从此开拓了以变数为主要研究方向的新的领域，它就是我们所熟知的"大学数学"。

（三）数学发展史与数学教学活动的整合

在计数方面，中国采用算筹，而西方则运用了字母计数法。不过受文字和书写用具的约束，各地的计数系统有很大差异。希腊的字母数系简明、方便，蕴含了序的思想，但在变革方面很难有所提升，因此希腊实用算数和代数长期落后，而算筹在起跑线上占得了先机。不过随着时代的进步，算筹的不足之处也表露出来。可见凡事要用辩证的思维来看待事物的发展。自古以来，我国一直是农业大国，数学也基本上为农业服务，《九章算术》中所记录的问题大多与农业相关。而中国古代等级制度森严，研究数学的大多是一些官职人员，人们逐渐安于现状，而统治者为了巩固朝政，也往往扼杀了一些人的先进思想。数学的发展与国家的繁荣昌盛息息相关。在西方，数学文化始终处于主导地位，随着经济的发展需要，对计算的要求日渐提高，富足的生活使得人们有更多的时间从事一些理论研究，各个学派的学者，乐于思考问题解决问题，不同于东方的重农抑商，西方在商业方面大大推进了数学的发展。

1. 数学史有助于教师和学生形成正确的数学观

纵观数学历史的发展，数学观经历了由远古的"经验论"到欧几里德以来的"演绎论"，再到现代的"经验论"与"演绎论"相结合而致"拟经验论"的认识转变过程。数学认识的基本观念也发生了根本的变化，由柏拉图学派的"客观唯心主义"发展到了数学基础学派的"绝对主义"，又发展到拉卡托斯的"可误主义""拟经验主义"以及后来的"社会建构主义"。

因此，教师要为学生准备的数学，也就是教师要进行教学的数学就必须是：作为整体的数学，而不是分散、孤立的各个分支。数学教师所持有的数学观，与他在数学教学中的设计思想、他在课堂讲授中的叙述方法以及他对学生的评价要求都有密切的联系。通过数学教师传递给学生的任何一些关于数学及其性质的细微信息，都会对学生今后认识数学，以及数学在他们生活经历中的作用有深远的影响，也就是说，数学教师的数学观往往会影响学生数学观的形成。

2. 数学史有利于学生从整体上把握数学

由于受诸多限制，数学教材往往按定义—公理—定理—例题的模式编写。这实际上是将表达的思维与实际的创造过程颠倒了，这往往给学生造成一种错觉：数学几乎从定理到定理，数学的体系结构完全经过锤炼，已成定局。数学彻底被人为地分为一章一节，好像成了一个个各自独立的堡垒，各种数学思想与方法之间的联系几乎难以找到。与此不同，数学史中对数学家的创造思维活动过程有着真实的历史记录，学生从中可以了解到数学发展的历史长河，鸟瞰每个数学概念、数学方法与数学思想的发展过程，把握数学发展的整体概貌。这可以帮助学生从整体上把握自己所学知识在整个数学结构中的地位、作用，便于学生形成知识网络，形成科学系统。

3. 数学史有利于激发学生的学习兴趣

兴趣是推动学生学习的内在动力，决定着学生能否积极、主动地参与学习活动。笔者认为，如果能在适当的时候向学生介绍一些数学家的趣闻逸事或一些有趣的数学现象，那无疑是激发学生学习兴趣的一条有效途径。如阿基米德专心于研究数学问题而丝毫不知死神的降临，当敌方士兵用剑指向他时，他竟然只要求等他把还没证完的题目完成了再害他而已。又如当学生知道了如何作一个正方形，使其面积等于给定正方形的两倍后，告诉他们倍立方问题及其神话中的起源——只有造一个两倍于给定祭坛的立方祭坛，太阳阿波罗才会息怒。一些史料的引入，无疑会让学生体会到数学并不是一门枯燥呆板的学科，而是一门不断进步的生动有趣的学科。

4. 数学史有利于培养学生的思维能力

数学史在数学教育中还有着更高层次的运用，那就是在学生数学思维的培养上。"让学生学会像数学家那样思维，是数学教育所要达到的目的之一。"数学一直被看成思维训练的有效学科，数学史则为此提供了丰富而有力的材料。如，我们知道毕氏定理有370多种证法，有的证法简洁漂亮，让人拍案叫绝；有的证法迂回曲折，让人豁然开朗。每一种证法，都是一种思维训练的有效途径。如球体积公式的推导，除我国数学家祖冲之的截面法外，还有阿基米德的力学法和旋转体逼近法、开普勒的棱锥求和法等。这些数学史实的介绍都是非常有利于拓宽学生视野、培养学生全方位的思维能力的。

5. 数学史有利于提高学生的数学创新精神

数学素养是作为一个有用的人应该具备的文化素质之一。米山国藏曾指出：学生在初中、高中接受的数学知识，毕业进入社会后几乎没有什么机会应用这种作为知识的数学，所以通常是出门后不到一两年，很快就忘掉了。然而不管他们从事什么工作，那些深刻地铭刻于头脑中的数学精神、数学思维方法、数学研究方法、数学推理方法和着眼点等，却随时随地地发生作用，使他们受益终身。

数学史是穿越时空的数学智慧。说它穿越时空，是因为它历史久远而涉足的地域辽阔无疆。就中国数学史而言，在《易·系辞》中就记载着"上古结绳而治，后世圣人易之以书契"。据考证，在殷墟出土的甲骨文卜辞中出现的最大的数字为三万；作为计算工具的"算筹"，其使用则在春秋时代就已经十分普遍……列述这些并非要费神去探寻数学发展的足迹，而是为了说明一个事实，数学的诞生和发展是紧密地伴随中华民族的精神、智慧的诞生和发展的。

将数学发展史有计划、有目的、和谐地与数学教学活动进行整合是数学教学中一项细致、深入而系统的工作，并非将一个数学家的故事或是一个数学发展史中的曲折事例放到某一个教学内容的后面那么简单。数学史要与教学内容在思想上、观念上、整体上、技术上保持一致性和完整性。学习研读数学史将使我们获得思想上的启迪、精神上的陶冶，因为数学史不仅能体现数学文化的丰富内涵、深邃思想、鲜明个性，还能从科学的思维方式、思想方法、逻辑规律等角度，培养人们科学睿智的头脑。数学史是丰富的、充盈的、智慧的、凝练的和深刻的，数学史在中学数学教学中的结合和渗透，是当前中学数学教学特别是高中数学教学应予重视和认真落实的一项教学任务。

二、我国数学教学改革概况

大学数学作为一门基础学科，已经广泛渗透到自然科学和社会科学的各个分支，为科学研究提供了强有力的手段，使科学技术获得了突飞猛进的发展，也为人类社会的发展创造了巨大的物质财富和精神财富。大学数学作为高校的一门必修基础课程，为学生学习后继的专业课程和解决现实生活中的实际问题提供了必备的数学基础知识、数学方法和数学思想。近年来，虽然大学数学课程的教学已经进行了一系列的改革，但受传统教学观念的影响，仍存在一些问题，这就需要教育工作者，尤其是数学教育工作者，在这方面进行不懈的探索、尝试与创新。

（一）高校大学数学教学现状

（1）近年来，由于不断扩招，一些基础较差的学生也进入了高校，学生的学习水平和能力变得参差不齐。

（2）教师对数学的应用介绍得不到位，与现实生活严重脱节，甚至没有与学生后继课程的学习做好衔接，从而给学生一种"数学没用"的错觉。

（3）高校在大学数学教学中教学手段相对落后，很多教师抱着板书这种传统的教学手段不放，在课堂上不停地说、写和画，总怕耽误了课程进度。在这种教学方式的束缚下，学生的思考和理解很少，不少学生面对复杂、冗长的概念、公式和定理望而生畏，难以接受，渐渐地，教学缺乏了互动性，学生也失去了学习的兴趣。

（二）大学数学教学的改革措施

1.大学数学与数学实验相结合，激发学生的学习兴趣

传统的大学数学教学中只有习题课，没有数学实验课，这不利于培养学生利用所学知识和方法解决实际问题的能力。如果高校开设数学实验课，有意识地将理论教学与学生上机实践结合起来，变抽象的理论为具体，使学生由被动接受转变为积极主动参与，可以激发学生学习本课程的兴趣，培养学生的创造精神和创新能力。在实验课

的教学中，可以适当介绍 MATLAB、MATHEMATIC、LINGO、SPSS、SAS 等数学软件，使学生在计算机上学习大学数学，加深对基本概念、公式和定理的理解。比如，教师可以通过实验演示函数在一点处的切线的形成，以加深学生对导数定义的理解；还可以通过在实验课上借助 MATHEMATIC 强大的计算和作图功能，来考察数列的不同变化情况，从而让学生对数列的不同变化趋势获得较为生动的感性认识，加深对数列极限的理解。

2. 合理运用多媒体辅助教学的手段，丰富教学方法

我国已经步入大众化的教育阶段，在高校大学数学课堂教学信息量不断增大，而教学课时不断减少的情况下，利用多媒体进行授课便成为一种新型的卓有成效的教学手段。

利用多媒体技术服务于高校的大学数学教学，改善了教师和学生的教学环境，教师不必浪费时间用于抄写例题等工作，将更多的精力投入教学重点、难点的分析和讲解中，不但增加了课堂上的信息量，还提高了教学效率和教学质量。教师在教学实践中采用多媒体辅助教学的手段，创设直观、生动、形象的数学教学情境，通过计算机图形显示、动画模拟、数值计算及文字说明等，形成了一个全新的图文并茂、声像结合、数形结合的教学环境，加深了学生对概念、方法和内容的理解，有利于激发学生的学习兴趣和思维能力，改变了以前较为单一枯燥的讲解和推导的教学手段，使学生积极主动地参与到教学过程中。例如，教师在引入极限、定积分、重积分等重要概念，介绍函数的两个重要极限，切线的几何意义时，不妨通过计算机作图对极限过程做一下动画演示；讲函数的傅立叶级数展开时，通过对某一函数展开次数的控制，观看其曲线的按拟合过程，学生会很容易接受。

3. 充分发挥网络教学的作用，建立教师辅导、答疑制度

随着计算机和信息技术的迅速发展，网络教学的作用日益重要，网络逐渐成为学生日常学习的重要组成部分。教师的教学网站、校园教学图书馆等，是学生经常光临的第二课堂。每个学生都可以上网查找、搜索自己需要的资料，查看教师的电子教案，并通过电子邮件、网上教学论坛等相互交流与探讨。教师可以将电子教案、典型习题解答、单元测试练习、知识难点解析、教学大纲等发布到网站上供学生自主学习，还可以在网站上设立一些与数学有关的特色专栏，向学生介绍一些数学史知识、数学研究的前沿动态以及数学家的逸闻趣事，激发学生学习数学的兴趣，启发学生将数学中的思想和方法自觉应用到其他科学领域。

对于学生在数学论坛、教师留言板中提出的问题，教师要及时解答，并抽出时间集中辅导，共同探讨，通过形成制度和习惯，加强教师的责任意识，引导学生深入钻研数学内容，这对学生学习的积极性和教学效果有着重要影响。

4.在教学过程中渗透专业知识

如果大学数学教学中只是一味地讲授数学理论和计算，而对学生后面课程的学习置若罔闻，就会使学生感到厌倦，学习积极性就不高，教学质量就很难保证。任课教师可以结合学生的专业知识进行讲解，培养学生运用数学知识分析和处理实际问题的能力，进而提升学生的综合素质，满足后继专业课程对数学知识的需求。比如，教师在机电类专业学生的授课中，第一堂课就可以引入电学中几个常用的函数；在导数概念之后立即介绍电学中几个常用的变化率（如电流强度）模型的建立；作为导数的应用，介绍最大输出功率的计算；在积分部分，加入功率的计算；等等。

总之，大学数学教学有自身的体系和特点，任课教师必须转变自己的思想，改进教学方法和手段，提高教学质量，充分发挥大学数学在人才培养中应有的作用。

三、我国基础教育数学课程改革概要

改革开放以来，我国社会主义建设取得了巨大成就和发展。我国教育进入了新的发展阶段，不仅实现了大学教育大众化，中等教育、大学数学教育也陆续取得好的发展，基础教育更是受到国家和政府的重视。但是，在取得成就之时，我国教育也相应地产生了一些问题，于是教育改革逐渐进入人们的视野。近些年，我国对基础教育的新课程改革引起了教育界和社会的很大关注。加快构建符合当下素质教育要求的基础教育新课程也自然成为全面推进基础教育及素质教育发展的关键环节。回顾近十年来我国对基础教育的新课程改革，既取得了可喜的成就，也反映出一些问题，这就需要我们在改革的同时不断回顾思考，以取得更大的进步。

（一）基础教育新课程改革的成就

新课程改革在课程开发、课程体系和内容等方面进行了较大调整，都更好地适应了学生对知识的掌握和对课程的学习巩固。在课程开发方面，新课程改革明确了课程开发的三个层次：国家、地方和学校。国家总体规划并制定课程标准。地方依据国家课程政策和本地实际情况，规划地方课程。学校则根据自身办学特点和资源条件，调动校长、教师、学生、课程专家等共同参与课程计划的制定、实施和评价工作。在课程体系方面，新课程改革表现为均衡性、综合性和选择性。设置的九年义务教育课程中，教育内容进行了更新，减少了课程门类，更加强调学科综合，并构建社会科学与自然科学等综合课程，如在普通高中阶段设置语言与文学、数学、人文与社会、科学、技术、艺术、体育与健康和综合实践活动八个学习领域。

新课程改革集中体现了"以人为本""以学生为本"。新课改强调学习者积极参与并主动建构。在知识建构过程中，强调对学生主动探究的学习方法的倡导，使学生在新课程中不再是传统教育中的完全被动接受者，而是转为真正意义上的知识建构者和主动学习者。教师在学生学习过程中不再是外在的专制者，而是促进学生掌握知识的引导者和合作者。这种平等和谐的师生互动以及生生互动都极好地促进了学生对课程的学习和对知识的掌握，也更好地推动了教学的开展实施。

新课程改革不仅强调学生对知识的掌握，而且开始注重学生的品德发展，做到科学与人文并重，并注重对学生个性的培养发展。新课程改革在素质教育思想的指导下，对学生的评价内容从过分注重学业成绩转向注重多方面发展的潜力，关注学生的个别差异和发展的不同需求，力求促进每位学生的发展能与自己的志趣相联系。

（二）基础教育新课程改革的问题

（1）新课程改革的课程体系略有些复杂，这在一定程度上不利于部分教师对新课程的把握和讲解，尤其是一些老教师。面对新课程改革，部分教师会表示不很顺手，甚至会陷入行动的"盲区"，教师要花费更多的时间精力研究新课改，适应新课改的教学方法，这给教师增添了较大的负担。

（2）由于新课程改革强调学生主体地位的加强，强调师生关系的平等性，这也使部分教师一时无法适应角色的转变，在具体的课堂教学中，短时间内并不能很好地将其运用于实践。

（3）在教师培养方面，目前师范院校的毕业生不能马上上岗，需培训1~2年，并且他们能否承担起实施新课程的任务，也还是一大考验。而当前我国对高素质高能力教师的需求又比较大，因此在新课改实施过程中，教师的入职成为一大问题。

（三）基础教育新课程改革的建议

（1）面对新课程改革，教师不仅要丰富知识，还应该不断充实自我，逐渐改变以往的教学观念和教学方法。教师要从过去对知识的权威和框架限制中走出来，在课堂上真正和学生共同学习共同探讨，重视研究型学习。学校要重视广纳贤才，学校领导班子在认真分析本校教师素质状况的基础上，可以为教师组织新课程培训，以加强教师理论学习，并能在实践中领会贯彻新课程改革精神，融会贯通。学校可以组织教师观看新课程影碟观摩课，派骨干教师走出去参加培训学习，在全校范围内开展走进新课程的大讨论、演讲比赛，也可以开展一些教师论坛，讨论教师对新课改的认识和体会等。

（2）对于部分落后的农村地区以及条件设施差的学校，新课程改革还不能很好地开展实施。这种情况下，这些学校一方面可以向上级政府和教育主管部门申请教学资金，另一方面要鼓励广大师生积极行动起来，自己能做的教具学具就自己做，互帮互助，资源共享，以更好地改善办学条件，推动新课改的实施。

基础教育新课程改革强调建立能充分体现学生学习主体性和能动性的新型学习方式，这不仅有利于学生的全面发展，而且很好地适应了我国素质教育的要求。在基础教育新课程改革这条道路上，我们要不断地回顾思考并总结完善，以使新课改能够走得更远更强。

第二节　弗赖登塔尔的数学教育理念

一、对弗赖登塔尔数学教育思想的认识

弗赖登塔尔的数学教育思想主要体现在对数学的认识和对数学教育的认识上。他认为数学教育的目的应该是与时俱进的，并应针对学生的能力来确定；数学教学应遵循创造原则、数学化原则和严谨性原则。

（一）弗赖登塔尔对数学的认识

1.数学发展的历史

弗赖登塔尔强调："数学起源于实用，它在今天比以往任何时候都更有用！但其实，这样说还不够，我们应该说：倘若无用，数学就不存在了。"从其著作的论述中我们可以看到，任何数学理论的产生都有其应用需求，这些"应用需求"对数学的发展起到了推动作用。弗赖登塔尔强调：数学与现实生活的联系，其实也就要求数学教学从学生熟悉的数学情境和感兴趣的事物出发，从而更好地学习和理解数学，并要求学生能够做到学以致用，利用数学来解决实际中的问题。

2.现代数学的特征

（1）数学的表达。弗赖登塔尔在讨论现代数学的特征的时候首先指出它的现代化特征是："数学表达的再创造和形式化的活动。"其实数学是离不开形式化的，数学更多时候表达的是一种思想，具有含义隐性、高度概括的特点，因此需要这种含义精确、高度抽象、简洁的符号化表达。

（2）数学概念的构造。弗赖登塔尔指出，数学概念的构造是从典型的通过"外延性抽象"到实现"公理化抽象"。现代数学越来越趋近于公理化，因为公理化抽象对事物的性质进行分析和分类，能给出更高的清晰度和更深入的理解。

（3）数学与古典学科之间的界限。弗赖登塔尔认为："现代数学的特点之一是它与诸古典学科之间的界限模糊。"首先，现代数学提取了古典学科中的公理化方法，然后将其渗透到整个数学中；其次，数学也融入于别的学科之中，其中包括一些看起来与数学无关的领域也体现了一些数学思想。

（二）弗赖登塔尔对数学教育的认识

1. 数学教育的目的

弗赖登塔尔围绕数学教育的目的进行了研究和探讨，他认为数学教育的目的应该是与时俱进的，而且应该针对学生的能力来确定。他特别研究了以下几个方面：

（1）应用

弗赖登塔尔认为："应当在数学与现实的接触点之间寻找联系。"而这个联系就是数学应用于现实。数学课程的设置也应该与现实社会联系起来，这样，学习数学的学生才能够更好地走进社会。其实，从现在计算机课程的普及中可以看出弗赖登塔尔这一看法是经得起实践考验的。

（2）思维训练

弗赖登塔尔对"数学是否是一种思维训练？"这一问题感到棘手，尽管其意愿的答案是肯定的。但更进一步，他曾给大学生和中学生提出了许多数学问题，其测试的结果是，在受过数学教育以后，对那些数学问题的看法、理解和回答均大有长进。

（3）解决问题

弗赖登塔尔认为：数学之所以能够得到高度的评价，其原因是它解决了许多问题。这是对数学的一种信任。而数学教育自然就应当把"解决问题"作为其又一目的，这其实也是实践与理论的一种结合。其实，从现在的评价与课程设计等中都可以看出这一数学的教育目的。

2. 数学教学的基本原则

（1）再创造原则。弗赖登塔尔指出："将数学作为一种活动来进行解释和分析，建立这一基础之上的教学方法，我称之为再创造方法。"再创造是整个数学教育最基本的原则，适用于学生学习过程的不同层次，应该使数学教学始终处于积极、发现的状态。笔者认为"情境教学"与"启发式教学"就遵循了这一原则。

（2）数学化原则。弗赖登塔尔认为，数学化不仅仅是数学家的事，也应该被学生所学习，用数学化组织数学教学是数学教育的必然趋势。他进一步强调："没有数学化就没有数学，特别是，没有公理化就没有公理系统，没有形式化也就没有形式体系。"这里，可以看出弗赖登塔尔对夸美纽斯倡导的"教一个活动的最好方法是演示，学一个活动最好的方法是做"是持赞同意见的。

（3）严谨性原则。弗赖登塔尔将数学的严谨性定义为："数学可以强加上一个有力的演绎结构，从而在数学中不仅可以确定结果是否正确，甚至可以确定结果是否已经正确地建立起来。"而且严谨性是相对于具体的时代、具体的问题来做出判断；严谨性有不同的层次，每个问题都有相应的严谨性层次，要求老师教学生通过不同层次的学习来理解并获得自己的严谨性。

二、弗赖登塔尔数学教育思想的现实意义

弗赖登塔尔（1905—1990）是荷兰著名的数学家和数学教育家，国际公认的数学教育权威，他于20世纪50年代后期发表的一系列教育著作在当时的影响遍及全球。虽历经半个多世纪的历史洗涤，但弗翁的教育思想在今天看来却依然熠熠生辉，历久弥新。今天我们重温弗翁的教育思想，发现新课程倡导的一些核心理念，在弗翁的教育论著中早有深刻阐述。因此，领会并贯彻弗翁的教育思想，对于今天的课堂教学仍然深具现实意义。身处课程改革中的数学教育同人们，理当把弗翁的教育思想奉为经典来品味咀嚼，从中汲取丰富的思想养料，获得教学启示，并能积极践行其教育主张。

（一）"数学化"思想的内涵及其现实意义

弗赖登塔尔把"数学化"作为数学教学的基本原则之一，并指出："……没有数学化就没有数学，没有公理化就没有公理系统，没有形式化也就没有形式体系。……因此数学教学必须通过数学化来进行。"弗翁的"数学化"，一直被作为一种优秀的教育思想影响着数学教育界人士的思维方式与行为方式，对全世界的数学教育都产生了极其深刻的影响。

何为"数学化"？弗翁指出："笼统地讲，人们在观察现实世界时，运用数学方法研究各种具体现象，并加以整理和组织的过程，我称之为数学化。"同时他强调数学化的对象分为两类，一类是现实客观事物，另一类是数学本身。以此为依据，数学划分为横向数学化和纵向数学化。横向数学化指对客观世界进行数学化，它把生活世界符号化，其一般步骤为：现实情境—抽象建模—一般化—形式化。今天新授课倡导的教学模式就是遵循这四个阶段并以此为顺序来开展的。纵向数学化是指横向数学化后，将数学问题转化为抽象的数学概念与数学方法，以形成公理体系与形式体系，使数学知识体系更系统、更完美。

目前一些教师或许是教育观念上还存在偏差，或许是应试教育大环境引发的短视功利心的驱动，常把数学化（横向）的四个阶段简约为最后一个阶段，即只重视数学化后的结果——形式化，而忽略得到结果的"数学化"过程本身。斩头去尾烧中段的结果，是学生学得快但忘得更快。弗赖登塔尔批评道：这是一种"违反教学法的颠倒"。也就是说，数学教学绝不能仅仅是灌输现成的数学结果，而是要引导学生自己去发现和得出这些结果。许多大家持同样观点，美国心理学家戴维斯就认为，在数学学习中，学生进行数学工作的方式应当与做研究的数学家类似，这样才有更多的机会取得成功。笛卡儿与莱布尼兹说："……知识并不是只来自一种线性的，从上演绎到下的纯粹理性……真理既不是纯粹理性，也不是纯粹经验，而是理性与经验的循环。"康德说："没有经验的概念是空洞的，没有概念的经验是不能构成知识的。"

"纸上得来终觉浅，绝知此事要躬行"，"数学化"方式使学生的知识源自现实，也就容易在现实中被触发与激活。"数学化"过程能让学生充分经历从生活世界到符号化、形式化的完整过程，积累"做数学"的丰富体验，收获知识、问题解决策略、数学价值观等多元成果。此外，"数学化"对学生的远期与近期发展兼具重大意义。从长远来看，要使学生适应未来的职业周期缩短、节奏加快、竞争激烈的现代社会，使数学成为整个人生发展的有用工具，就意味着数学教育要给学生除知识外的更加内在的东西，这就是数学的观念、用数学的意识。因为学生如果不是在与数学相关的领域工作，他们学过的具体数学定理、公式和解题方法大多是用不上的，但不管从事什么工作，从"数学化"活动中获得的数学式思维方式与看问题的着眼点，把现实世界转化为数学模式的习惯，努力揭示事物本质与规律的态度等等，却会随时随地的发生作用。

张奠宙先生曾举过一例，一位中学毕业生在上海和平饭店做电工，从空调机效果的不同，他发现地下室到 10 楼的一根电线与众不同，现需测知其电阻。在别人因为距离长而感到困难的时候，他想到对地下室到 10 楼的三根电线进行统一处理。在 10 楼处将电线两两相接，在地下室分三次测量，然后用三元一次方程组计算出了需要的结果。这位电工后来又做过几次类似的事情，他也因此很快得到了上级的赏识与重视。这位电工解决问题的方法，并不完全是曾经做过类似数学题的方法，而是得益于他用数学的意识。在现实生活中，有了数学式的观念与意识，我们就总想把复杂问题转化为简单问题，就总是试图揭示出面临问题的本质与规律，就容易经济高效地处理问题，从而凸显出卓尔不群的才干，进而提高我们工作与生活的品质。

从近期来讲，经历"数学化"过程，让学生亲历了知识形成的全过程，且在获取知识的过程中，学生要重建数学家发现数学规律的过程，其中探究中对前行路径的自主猜测与选择、自主分析与比较、在克服困境中的坚守与转化、在发现解决问题的方法时获得的智慧、满足与兴奋，在历经挫折后对数学式思维的由衷欣赏，以及由此产生的对于数学情感与态度方面的变化，无一不是"数学化"带给学生生命成长的丰厚营养。波利亚说：只有看到数学的产生，按照数学发展的历史顺序或亲自从事数学发现时，才能最好地理解数学。同时，亲历形成过程得到的知识，在学生的认知结构中一定处于稳固地位，记忆持久，调用自如，迁移灵活，从而十分有利于学生当下应试水平的提高。除知识外，学生在"数学化"活动中将缄默地收获到包含数学史、数学审美标准、元认知监控、反思调节等多元成果，这些内容不仅有益于加深学生对数学价值的认识，更有益于增强学生的内部学习动机，增强用数学的意识与能力，这绝不是只向学生灌输成品数学所能达到的效果。

（二）"数学现实"思想的内涵及其现实意义

新课程倡导引入新课时，要从学生的生活经验与已有的数学知识处抛锚创设情境，这种观点，早在半个世纪前的弗翁教育论著中已一再涉及。弗翁强调，教学"应该从数学与它所依附的学生亲身体验的现实之间去寻找联系"，并指出，"只有源于现实关系，寓于现实关系的数学，才能使学生明白和学会如何从现实中提出问题与解决问题，如何将所学知识更好地应用于现实"。弗翁的"数学现实观"告诉我们，每个学生都有自己的数学现实，即接触到的客观世界中的规律以及有关这些规律的数学知识结构。它不但包括客观世界的现实情况，也包括学生使用自己的数学能力观察客观世界所获得的认识。教师的任务在于了解学生的数学现实并不断地扩展提升学生的"数学现实"。

"数学现实"思想，让我们知晓了创设情境的真正教学意图及创设恰当情境对于教学的重要意义。首先，情境应该源于学生的生活常识或认知现状，前者的引入方式可以摆脱机械灌输概念的弊端，现实情境的模糊性与当堂知识联系的隐蔽性更有利于学生进行"数学化"活动，有利于学生主意自己拿、方法自己找、策略自己定，有利于学生逐步积淀生成正确的数学意识与观念，后者是学生进行意义建构的基本要求。其次，教师有效教学的必要前提，是了解学生的数学现实，一切过高与过低的、与学生数学现实不吻合的教学设计必定不会有好的教学效果。由此我们也就理解了新数运动失败的一个重要原因，是过分拔高了学生的数学现实；同时也就理解了为什么在课改之初，一些课堂数学活动的"幼稚化"会遭到一些专家的诟病，就是因为没有紧贴学生的数学现实贴船下篙。"如果我不得不把全部教育心理学还原为一条原理的话，我将会说，影响学习的唯一最重要因素是学习者已经知道了什么。"奥苏贝尔的话恰好也道出了"数学现实"对教学的重要意义。

（三）"有指导的再创造"思想的内涵及其现实意义

1. "有指导的再创造"中"再"的意义及启示

弗赖登塔尔倡导按"有指导的再创造"的原则进行数学教学，即要求教师要为学生提供自由创造的广阔天地，把课堂上本来需要教师传授的知识、需要浸润的观念变为学生在活动中自主生成、缄默感受的东西。弗氏认为，这是一种最自然、最有效的学习方法。这种以学生的"数学现实"为基础的创造学习过程，是让学生的数学学习重复一些数学发展史上的创造性思维的过程。但它并非亦步亦趋地沿着数学史的发展轨迹，也并非让学生在黑暗中慢慢地摸索前行，而是通过教师的指导，让学生绕开历史上数学前辈们曾经陷入的困境和僵局，避免他们在前进道路上所走过的弯路，浓缩前人探索的过程，依据学生现有的思维水平，沿着一条改良修正的道路快速前进。所以，"再创造"的"再"的关键是教学中不应该简单重复当年的真实历史，而是要结合当初数学史的发明发现特点，结合教材内容，更要结合学生的认知现实，致力于历史的重建或重构。弗翁的理由是："数学家从来不按照他们发现、创造数学的真实过程来介绍他们的工作，实际上经过艰苦曲折的思维推理获得的结论，他们常常以'显而易见'

或是'容易看出'轻描淡写地一笔带过；而教科书则做得更彻底，往往把表达的思维过程与实际创造的进程完全颠倒，因而完全阻塞了'再创造的通道'。"

我们不难看到，今天的许多常规课堂，由于课时紧、自身水平有限、工作负担重、应试压力大等原因，教师常常喜欢用开门见山、直奔主题的方式来进行，按"讲解定义—分析要点—典例示范—布置作业"的套路教学，学生则按"认真听讲—记忆要点—模仿题型—练习强化"的方式日复一日地学习。然而，数学课如果总是以这样的流程来操作，学生失去的，将是亲身体验知识形成中对问题的分析、比较，对解决问题中策略的自主选择与评判，将是对常用手段与方法的提炼反思的机会。杜威说："如果学生不能筹划自己解决问题的方法，自己寻找出路，他就学不到什么，即使他能背出一些正确的答案，百分之百正确，他还是学不到什么。"其实，学习数学家的真实思维过程对学生数学能力的发展至关重要。张乃达先生说得好："人们不是常说，要学好学问，首先就要学做人吗？在数学学习中，怎样学习做人？学做什么样的人？这当然就是要学做数学家！要学习数学家的'人品'。而要学做数学家，当然首先就要学习数学家的眼光！"这只能从数学家"做数学"的思维方式中去学习。

德摩根就提倡这种"再创造"的教学方式。他举例说，教师在教代数时，不要一下子把新符号都解释给学生，而应该让学生按从完全书写到简写的顺序学习符号，就像最初发明这些符号的人一样。庞加莱认为："数学课程的内容应完全按照数学史上同样内容的发展顺序展现给读者，教育工作者的任务就是让孩子的思维经历其祖先之经历，迅速通过某些阶段而不跳过任何阶段。"波利亚也强调学生学习数学应重新经历人类认识数学的重大几步。

例如，从1545年卡丹讨论虚数并给出运算方法，到18世纪复数广为人们接受，经历了200多年的时间，其间包括大数学家欧拉都曾认为这种数只存在于"幻想之中"。教师教授复数时，当然无须让学生重复当初人类发明复数的艰辛漫长的历程，但可以把复数概念的引入，也设计成当初数学家遇到的初始问题，即"两数的和是10，积是40，求这两数"，让学生面临当初数学家同样的困窘。这时教师让学生了解从自然数到正分数、负整数、负分数、有理数、无理数、实数的发展历程，以及数学共同体对数系扩充的规则要求。启发学生，对于前面的每一种数都找到了它的几何表征并研究其运算，那么复数呢，能否有几何表征方式？复数的运算法则又是什么样的？……这样的教学既避免了学生无方向的低效摸索，又让学生在教师科学有效的引导下，像数学家一样经历了数学知识的创造过程。在这一过程中，学生获得的智能发展，远比被动接受教师传授来得透彻与稳固。正如美国谚语所说：我听到的会忘记，看到的能记住，唯有做过的才入骨入髓。

2. "有指导的再创造"中"有指导"的内涵及现实意义

弗翁认为，学生的"再创造"，必须是"有指导"的。因为，学生在"做数学"的活动中常处于结论未知、方向不明的探究环境中。若放任学生自由探究而教师不作为，学生的活动极有可能陷入盲目低效或无效境地。打个比方，让一个盲人靠自己的摸索到他从来没有去过的地方，他或许花费太多的时间，碰到无数的艰辛，通过跌打滚爬最终能到达目的地，但更有可能摸索到最后还是无功而返。如果把在探索过程中的学生比喻为看不清知识前景的盲人，教师作为一个知识的明眼人，就应该始终站在学生身后的不远处。学生碰到沟壑，教师能上前牵引他；当他走反了方向时，上前把他指引到正确的道路上来，这就是教师"有指导"的意义。另外，并不是学生经过数学化活动就能自动生成精致化的数学形式定义。事实上，数学的许多定义是人类经过上百年、数千年，通过一代代数学家的不断继承、批判、修正、完善，才逐步精致严谨起来的，想让学生自己通过几节课就生成形式化概念是不可能的。所以说，学生的数学学习，更主要的还是一种文化继承行为。弗翁强调"指导再创造意味着在创造的自由性与指导的约束性之间，以及在学生取得自己的乐趣和满足教师的要求之间达到一种微妙的平衡"。当前教学中有一种不好的现象，即把学生在学习活动中的主体地位与教师的必要指导相对立，这显然与弗翁的思想相背离。当然，教师的指导最能体现其教学智慧，体现在何时、何处、如何介入学生的思维活动中。

（1）如何指导——用元认知提示语引导。在"做数学"的活动中，对学生启发的最好方式是用元认知提示语，教师要根据探究目标隐蔽性的强弱，知识目标与学生认知结构潜在距离的远近，设计暗示成分或隐或现的元认知问题。一个优秀的教师一定是善用元认知提示语的教师。

（2）何时指导——在学生处于思维的迷茫状态时，不给学生充分的活动时空，不让学生经历一段艰难曲折的走弯路过程，教师就介入活动中，这不是真正意义上的"数学化"教学。在教师的过早干预下，也许学生知识、技能会学得快一些，但学生学得快忘得更快。所以，教师只有在学生心求通而不得时点拨，在学生的思维偏离了正确的方向时引领，才能充分发挥师生双方的主观能动性，让学生在挫折中体会数学思维的特色与数学方法的魅力。

第三节　波利亚的解题理念

乔治·波利亚（George Polya，1887—1985），美籍匈牙利数学家，20世纪举世公认的数学教育家，享有国际盛誉的数学方法论大师。他在长达半个世纪的数学教育生涯中，为世界数学的发展立下了不可磨灭的功勋。他的数学思想对推动当今数学教育的改革与发展仍有极大的指导意义。

一、波利亚数学教育思想概述

（一）波利亚的解题教学思想

波利亚认为"学校的目的应该是发展学生本身的内蕴能力，而不仅仅是传授知识"。在数学学科中，能力指的是什么？波利亚说："这就是解决问题的才智——我们这里所指的问题，不仅仅是寻常的，它们还要求人们具有某种程度的独立见解、判断力、能动性和创造精神。"他发现，在日常解题和攻克难题而获得数学上的重大发现之间，并没有不可逾越的鸿沟。要想有重大的发现，就必须重视平时的解题。因此，他说："中学数学教学的首要任务就是加强解题的训练，通过研究解题方法看到处于发现过程中的数学。"他把解题作为培养学生数学才能和教会他们思考的一种手段与途径。这种思想得到了国际数学教育界的广泛赞同。波利亚的解题训练不同于"题海战术"，他反对让学生做大量的题，因为大量的"例行运算"会"扼杀学生的兴趣，妨碍他们的智力发展"。因此，他主张与其穷于应付烦琐的教学内容和过量的题目，还不如选择一个有意义但又不太复杂的题目去帮助学生深入发掘题目的各个侧面，使学生通过这道题目，就如同通过一道大门而进入一个崭新的天地。

比如，"证明根号 2 是无理数"和"证明素数有无限多个"就是这样的好题目，前者通向实数的精确概念，后者是通向数论的门户，打开数学发现大门的金钥匙往往就在这类好题目之中。波利亚的解题思想集中反映在他的《怎样解题》一书中，该书的中心思想是解题过程中怎样诱发灵感。书的一开始就是一张"怎样解题表"，在表中收集了一些典型的问题与建议，其实质是试图诱发灵感的"智力活动表"。正如波利亚在书中所写的"我们的表实际上是一个在解题中典型有用的智力活动表""表中的问题和建议并不直接提到好念头，但实际上所有的问题和建议都与它有关"。"怎样解题表"包含四部分内容，即弄清问题、拟订计划、实现计划、回顾。弄清问题是为好念头的出现做准备；拟订计划是试图引发它；在引发之后，我们实现它；回顾此过程和求解的结果，是试图更好地利用它。波利亚所讲的好念头，就是指灵感。《怎样解题》一书中有一部分内容叫"探索法小词典"，从篇幅上看，它占全书的 4/5。"探索法小词典"的主要内容就是配合"怎样解题表"，对解题过程中典型有用的智力活动作做一步解释。全书的字里行间，处处给人一种强烈的感觉：波利亚强调解题训练的目的是引导学生开展智力活动，提高数学才能。

从教育心理学角度看"怎样解题表"的确是十分可取的。利用这张表，教师可行之有效地指导学生自学，发展学生独立思考和进行创造性活动的能力。在波利亚看来，解题过程就是不断变更问题的过程。事实上，"怎样解题表"中许多问题和建议都是"直接以变化问题为目的的"，如：你知道与它有关的问题吗？是否见过形式稍微不同的题目？你能改述这道题目吗？你能不能用不同的方法重新叙述它？你能不能想出一个更容易的有关问题？一个更普遍的题？一个更特殊的题？一个类似的题？你能否解决这道题的一部分？你能不能由已知数据导出某些有用的东西？能不能想出适于确定未知数的其他数据？你能改变未知数，或已知数，必要时改变两者，使新未知数和新的已知数更加互相接近吗？波利亚说："如果不'变更问题'，我们几乎不能有什么进展。""变更问题"是《怎样解题》一书的主旋律。"题海"是客观存在的，我们应研究对付"题海"的战术。波利亚的"表"切实可行，给出了探索解题途径的可操作机制，被人们公认为"指导学生在题海游泳"的"行动纲领"。著名的现代数学家瓦尔登早就说过："每个大学生，每个学者，特别是每个教师都应读《怎样解题》这本引人入胜的书。"

（二）波利亚的合情推理理论

通常，人们在数学课本中看到的数学是"一门严格的演绎科学"。其实，这仅是数学的一个侧面，是已完成的数学。波利亚大力宣扬数学的另一个侧面，那就是创造过程中的数学，它像"一门实验性的归纳科学"。波利亚说，数学的创造过程与任何其他知识的创造过程一样，在证明一个定理之前，先得猜想、发现出这个定理的内容，在完全做出详细证明之前，还得不断检验、完善、修改所提出的猜想，还得推测证明的思路。在这一系列的工作中，需要充分运用的不是论证推理，而是合情推理。论证推理以形式逻辑为依据，每一步推理都是可靠的，因而可以用来肯定数学知识，建立严格的数学体系。合情推理则只是一种合乎情理的、好像为真的推理。例如，律师的案情推理、经济学家的统计推理、物理学家的实验归纳推理等，它的结论带有或然性。合情推理是冒风险的，它是创造性工作所赖以进行的那种推理。合情推理与论证推理两者互相补充，缺一不可。

波利亚的《数学与合情推理》一书通过历史上一些有名的数学发现的例子分析说明了合情推理的特征和运用，首次建立了合情推理模式，开创性地用概率演算讨论了合情推理模式的合理性，试图使合情推理有定量化的描述，还结合中学教学实际呼吁"要教学生猜想，要教合情推理"，并提出了教学建议。这样就在笛卡儿、欧拉、马赫、波尔察诺、庞加莱、阿达玛等数学大师的基础上前进了一步，他无愧于当代合情推理的领头人。数学中的合情推理是多种多样的，而归纳和类比是两种用途最广的特殊合情推理。拉普拉斯曾说过："甚至在数学里，发现真理的工具也是归纳与类比。"因而波利亚对这两种合情推理给予了特别重视，并注意到更广泛的合情推理。他不仅讨论了合情推理的特征、作用、范例、模式，还指出了其中的教学意义和教学方法。

波利亚反复呼吁：只要我们能承认数学创造过程中需要合情推理、需要猜想的话，数学教学中就必须有教猜想的地位，必须为发明做准备，或至少给一点发明的尝试。对于一个想以数学作为终身职业的学生来说，为了在数学上取得真正的成就，就得掌握合情推理；对于一般学生来说，他也必须学习和体验合情推理，这是他未来生活的需要。他亲自讲课的教学片"让我们教猜想"荣获 1968 年美国教育电影图书协会十周年电影节的最高奖——蓝色勋带。1972 年，他到英国参加第二届国际数学教育会议时，又为 BBC 开放大学录制了第二部电影教学片"猜想与证明"，并于 1976 年与 1979 年发表了"猜想与证明"和"更多的猜想与证明"两篇论文。怎样教猜想？怎样教合情推理？没有十拿九稳的教学方法。波利亚说，教学中最重要的就是选取一些典型教学结论的创造过程，分析其发现动机和合情推理，然后再让学生模仿范例去独立实践，在实践中发展合情推理能力。教师要选择典型的问题，创设情境，让学生饶有兴趣地自觉去试验、观察，得到猜想。"学生自己提出了猜想，也就会有追求证明的渴望，因而此时的数学教学最富有吸引力，切莫错过时机。"波利亚指出，要充分发挥班级教学的优势，鼓励学生之间互相讨论和启发，教师只有在学生受阻的时候才给些方向性的揭示，不能硬把他们赶上事先预备好的道路，这样学生才能体验到猜想、发现的乐趣，才能真正掌握合情推理。

（三）波利亚论教学原则及教学艺术

有效的教学手段应遵循一些基本的原则，而这些原则应当建立在数学学习原则的基础上，为此，波利亚提出了下面三条教学原则：

1. 主动学习原则

学习应该是积极主动的，不能只是被动或被授式的，不经过自己的脑子活动就很难学到什么新东西，就是说学东西的最好途径是亲自去发现它。这样，会使自己体验到思考的紧张和发现的喜悦，有利于养成正确的思维习惯。因此，教师必须让学生主动学习，让思想在学生的头脑里产生，教师只起助产的作用。教学应采用苏格拉底问答法：向学生提出问题而不是讲授全部现成结论，对学生的错误不是直接纠正，而是用另外的补充问题来帮助暴露矛盾。

2. 最佳动机原则

如果学生没有行动的动机，就不会去行动。而学习数学的最佳动机是对数学知识的内在兴趣，最佳奖赏应该是聚精会神的脑力活动所带来的快乐。作为教师，你的职责是激发学生的最佳动机，使学生信服数学是有趣的，相信所讨论的问题值得花一番功夫。为了使学生产生最佳动机，解题教学要格外重视引入问题时，尽量诙谐有趣。在做题之前，可以让学生猜猜该题的结果，或者部分结果，旨在激发兴趣，培养探索习惯。

3. 循序阶段原则

"一切人类知识以直观开始，由直观进至概念，而终于理念"，波利亚将学习过程区分为三个阶段：

①探索阶段——行动和感知；

②阐明阶段——引用词语，提高概念水平；

③吸收阶段——消化新知识，吸取到自己的知识系统中。

教学要尊重学习规律，要遵循循序阶段性，要把探索阶段置于数学语言表达（如概念形成）之前，而又要使新学知识最终融汇于学生的整体智慧之中。新知识的出现不能从天而降，应密切联系学生的现有知识、日常经验、好奇心等，给学生"探索阶段"；学了新知识之后，还要把新知识用于解决新问题或更简单地解决老问题，建立新旧知识的联系，通过新学知识的吸收，对原有知识的结构看得更清晰，进一步开阔眼界。波利亚说，遗憾的是，现在的中学教学里严重存在忽略探索阶段和吸收阶段而单纯断取概念水平阶段的现象。

以上三个原则实际上也是课程设置的原则，如教材内容的选取和引入，课题分析和顺序安排，语言叙述和习题配备等问题也都要以学和教的原则为依据。有效的教学，除了要遵循学与教的原则外，还必须讲究教学艺术。波利亚明确表示，教学是一门艺术。教学与舞台艺术有许多共同之处，有时，一些学生从你的教态上学到的东西可能比你要讲的东西还多一些，为此，你应该略作表演。教学与音乐创作也有共同点，数学教学不妨吸取音乐创作中预示、展开、重复、轮奏、变奏等手法。教学有时可能接近诗歌。波利亚说"如果你在课堂上情绪高涨，感到自己诗兴欲发，那么不必约束自己；偶尔想说几句似乎难登大雅之堂的话，也不必顾虑重重。为了表达真理，我们不能蔑视任何手段"，追求教学艺术亦应如此。

4. 波利亚论数学教师的思和行

波利亚把数学教师的素质和工作要点归结为以下十条。

（1）教师首要的金科玉律是：自己要对数学有浓厚的兴趣。如果教师厌烦数学，那学生也肯定会厌烦数学。因此，如果你对数学不感兴趣，你就不要去教它，因为你的课不可能受学生欢迎。

（2）熟悉自己的科目——数学科学。如果教师对所教的数学内容一知半解，那么即使有兴趣，有教学方法及其他手段，也难以把课教好，你不可能一清二楚地把数学教给学生。

（3）应该从自身学习的体验中以及对学生学习过程的观察中熟知学习过程，懂得学习原则，明确认识到：学习任何东西的最佳途径是亲自独立地去发现其中的奥秘。

（4）努力观察学生们的面部表情。觉察他们的期望和困难，设身处地把自己当作学生。教学要想在学生的学习过程中收到理想的效果，就必须建立在学生的知识背景、思想观点以及兴趣爱好等基础之上。波利亚说，以上四条是搞好数学教学的精髓。

（5）不仅要传授知识，还要教技能技巧，培养思维方式以及良好的工作习惯。

（6）让学生学会猜想问题。

（7）让学生学会证明问题。严谨的证明是数学的标志，也是数学对一般文化修养的贡献中最精华的部分。倘若中学毕业生从未有过数学证明的印象，那他便少了一种基本的思维经验。但要注意的是，强调论证推理教学，也要强调直觉、猜想的教学，这是获得数学真理的手段，而论证则是为了消除怀疑。于是，教证明题要根据学生的年龄特征来处理，一开始教中学生数学证明时，应该多着重于直觉洞察，少强调演绎推理。

（8）从手头中的题目中寻找出一些可能用于了解题目的特征——揭示出存在于当前具体情况下的一般模式。

（9）不要把你的全部秘诀一股脑儿地倒给学生，要让他们先猜测一番，然后你再讲给他们听，让他们独立地找出尽可能多的东西。要记住"使人厌烦的艺术是把一切细节讲得详而又尽"（伏尔泰）。

（10）启发问题，不要填鸭式地硬塞给学生。

二、波利亚解题理论下的解题思维教学

作为一名数学家，波利亚在众多的数学分支领域都颇有建树，并留下了以他的名字命名的术语和定理；作为一名数学教育家，波利亚有丰富的数学教育思想和精湛的教学艺术；作为一名数学方法论大师，波利亚开辟了数学启发法研究的新领域，为数学方法论研究的现代复兴奠定了必要的理论基础。他的名著《怎样解题》中提到的解题过程，用来规范学生的数学解题思维很有成效。

（一）弄清问题

一个问题摆在面前，它的未知数是什么，已知数又是什么？条件是什么，结论又是什么？给出条件是否能直接确定未知数？若直接条件不够充分，那隐性的条件有哪些？所给的条件会不会是多余的，或者是矛盾的呢？弄清这些情况后，往往还要画草图、引入适当的符号加以分析为佳。

有的学生没能把问题的内涵理解透，凭印象解答，贸然下手，结果可想而知。

好几个学生对结果有四种可能惊诧不已，其实，若能按照乔治·波利亚《怎样解题》中说画画草图进而弄清问题，就能很快找出四种可能的答案。这不禁也让笔者想起我国著名数学家华罗庚教授描写"数形结合"的一首诗：数形本是相倚依，焉能分做两边飞。数缺形时少直觉，形缺数时难入微。数形结合百般好，割裂分家万事休。几何代数统一体，永远联系莫分离。

（二）拟定计划

大多问题往往不能一下子就可以迎刃而解，这时你就要找间接的联系，不得不考虑辅助条件，如添加必要的辅助线，找出已知量和未知量之间的关系，此时你应该拟

定一个求解的计划。有的学生认为，解数学题要拟定什么计划？会做就会做，不会做就不会做。其实不然，对于解题，第一步问题弄清后，要着手解决前，你会考虑很多，脑袋瓜会闪出很多问题，比如，以前见过它吗？是否遇到过相同的或形式稍有不同的此类问题？我该用什么方法来解答为好呢？哪些定理公式我可以用呢？等等诸如此类的问题。

自问自答的过程就是自我拟定计划的过程，若学生经常这样思维，并加以归纳，对于数学问题往往就能较快找到解决该问题的最佳途径。

例如，平面解析几何中在讲对称时，笔者常举以下几个例子加以练习：

第一小题是点与点之间对称的问题；第二小题和第三小题是相互的问题，二题是直线关于点对称最终求直线的问题，三题是点关于直线对称最终求点的问题；第四小题是直线关于直线对称的问题，要考虑两直线是平行还是相交的情况。

通过对以上四小题的分析归纳，学生再碰到此类对称的问题就能得心应手了，能以最快的时间内拟出解决方案，即拟定好计划，少走弯路。另外对点、直线和圆的位置关系的判断也可以进行同样的探讨，做到举一反三。

在拟定计划时，有时不能马上解决所提出的问题，此时可以换个角度考量。譬如：

（1）能不能加入辅助元素后可以重新叙述该问题，或能不能用另外一种方法来重新描述该问题；

（2）对于该问题，能不能先解决一个与此有关的问题，或能不能先解决和该问题类似的问题，然后利用预先解决的问题去拟定解决该问题的计划；

（3）能不能进一步探讨，保持条件的一部分，舍去其余部分，这样的话对于未知数的确定会有怎么样的变化，或者能不能从已知数据中导出某些有用的东西，进而改变未知数或数据（或者二者都改变），这样能不能使未知量和新数据更加接近，进而解答问题；

（4）是否已经利用了所有的已知数据，是否考虑了包含在问题中的所有必要的概念，原先自己凭印象给出的定义是否准确。碰到问题一时无法解决，采用上述的不同角度进行思考，应该很快就可以找到解决问题的瓶颈了。

（三）实行计划

实施解题所拟定的计划，并认真检验每一个步骤和过程，必须证明或保证每一步的准确性。出现谬论或前后相互矛盾的情况，往往就在实行计划中没能证明每一步都是按正确的方向来走。例如，有这样的一个诡辩题，题目大意如下：龟和兔，大家都知道肯定是兔子跑得快，但如果让乌龟提前出发10米，这时乌龟和兔子一起开跑，那样的话兔子永远都追不上乌龟。从常识上看这结论肯定错误，但从逻辑上分析：当兔子赶上乌龟提前出发的这10米的时候，是需要一段时间的，假设是10秒，那在这10

秒里，乌龟又往前跑了一小段距离，假设为 1 米，当兔子再追上这 1 米，乌龟又往前移动了一小段距离，如此这样下去，不管兔子跑得有多快，但只能无限接近乌龟而不能超过。这个问题问倒了很多人（当然包括学生），问题出在哪呢？问题就出在假设上，假设出现了问题，就是实行计划的第一步出现错误，你能说结论会正确吗？

这样的诡辩题在数学上很多，有的一开始就是错的，如同上面的例子；有的在解题过程中出现错误；有的采用循环论证，用错误的结论当作定理去证明新的问题；还有的偷换概念。例如，学生之间经常讨论的一个例子：有 3 个人去投宿，一个晚上 30 元，三个人每人掏了 10 元凑够 30 元交给了老板，后来老板说今天优惠只要 25 元就够了，于是老板拿出 5 元让服务生退还给他们，而服务生偷偷藏起了 2 元，然后把剩下的 3 元钱分给了那三个人，每人分到 1 元。现在来算算，一开始每人掏了 10 元，现在又退回 1 元，也就是 $10-1=9$，每人只花了 9 元钱，3 个人每人 9 元，$3 \times 9 = 27$ 元 + 服务生藏起的 2 元 =29 元，还有 1 元钱哪去了？这个问题就是偷换概念，不同类的钱数硬性加在一起。所以，在实行计划中，检验是非常关键的。

（四）回顾

最后一步是回顾，就是最终的检测和反思了。结果进行检测，判断是否正确；这道题还有没有其他的解法；现在能不能较快看出问题的实质所在；能不能把这个结论或方法当作工具用于其他的问题的解答，等等。

在乔治·波利亚解题法第一步弄清问题中，所举的那个例题，结论要是考虑不周全，不进行认真检验，就会漏了方程 x=2 这个解，那样的话，从完整度来说就前功尽弃了。

一题多解，举一反三，这在数学解题中经常出现。

通过问题的解答过程以及最终结论检验，在今后遇到同样或类似问题时，能不能直接找到问题实质所在或答案，这就要看你的"数感"（对数学的感知感觉）如何了。例如，空间四边形四边中点依次连接构成平行四边形，有了这种数觉，回忆起以前学的正方形、长方形、菱形、梯形或任意四边形的四边中点依次连接所成的图形，就不难得出答案了。

数学是一门工具学，某个问题解决了，要是所获得的经验或结论可以作为其他问题解决的奠基石，那么解决这个数学问题的目的就达到了。古人在长期的生产生活中，给我们留下了不少经验和方法，体现在数学上就是定理或公式了，为我们的继续研究创造了不少先决条件，无论在时间上还是空间上，都是如此。我们要让学生认识到教科书中的知识包含了多少前辈人的心血，要好好珍惜。

三、波利亚数学解题思想对我国数学教育改革的启示

（一）更新教育观念，使学生由"学会"向"会学"转变

目前我国大力提倡素质教育，但应试教育体制的影响不是一天两日就能完全去除的。几乎所有的学生都把数学看成必须得到多少分的课程。这种体制造成片面追求升学率和数学竞赛日益升温的畸形教育，教学一味地热衷于对数学事实的生硬灌输和题型套路的分类总结，而不管数学知识的获取过程和数学结论后面丰富多彩的事实。学生被动消极地接受知识，非但不能融会贯通，把知识内化为自己的认知结构，反而助长了对数学事实的死记硬背和对解题技巧的机械模仿。

结合波利亚的数学思想及我国当前教育的形势，我国的数学教育应转变观念，使学生不仅"学会"，更要"会学"。数学教学既是认识过程，又是发展过程，这就要求教师在传授知识的同时，应把培养能力、启发思维置于更加突出的地位。教师应引导学生在某种程度上参与提出有价值的启发性问题，唤起学生积极探索的动机和热情，开展"相应的自然而然的思维活动"。通过具体特殊的情形的归纳或相似关联因素的类比、联想，孕育出解决问题的合理猜想，进而对猜想进行检验、反驳、修正、重构。这样学生才能主动建构数学认知结构，并培育对数学真理发现过程的不懈追求和创新精神，强化学习主体意识，促进数学学习的高效展开。

（二）革新数学课程体系，展现数学思维过程

传统的数学课程体系，历来以追求逻辑的严谨性、理论的系统性而著称，教材内容一般沿着知识的纵向展开，采用"定义—定理、法则、推论—证明—应用"的纯形式模式，突出高度完善的知识体系，而对知识发明（发现）的过程则采取蕴含披露的"浓缩"方式，或几乎全部略去，缺乏必要的提炼、总结和展现。

根据波利亚的思想，我国的数学课程体系应力图避免刻意追求严格的演绎风格，克服偏重逻辑思维的弊端，淡化形式，注重实质。数学课程的目标不仅在于传授知识，更在于培养数学能力，特别是创造性数学思维能力。课程内容的选取，以具有丰富渊源背景和现实生动情境的问题为主导，参照数学知识逐步进化的演变过程，用非形式化展示高度形式化的数学概念、法则和原理。突破以科学为中心的课程和以知识传授为中心的教学观，将有利于思维方式与思维习惯的培养，并在某种程度上可以避免教师的生硬灌输和学生的死记硬背，教与学不再是毫无意义的符号的机械操作。深刻、鲜明、生动地展开思维过程，使学生不仅知其然而且知其所以然，也是现代数学教育思想的一个基本特点。

波利亚的数学解题思想博大精深，源于实践又指导实践，对我国的数学教育实践及改革发展具有重要的指导意义。我们从中可以得到这样的启示：数学教育应着眼于

探究创造，强调获取知识的过程及方法，寻求学习过程、科学探索和问题解决的一致性。它的根本意义在于培养学生的数学文化素养，即培养学生思维的习惯，使他们学会发现的技巧，领会数学的精神实质和基本结构，并提供应用于其他学科的推理方法，体现一种"变化导向的教育观"。

第四节 构建主义的数学教育理念

"在教育心理学中正在发生着一场革命，人们对它叫法不一，但更多地把它称为建构主义的学习理论。"20世纪90年代以来，建构主义学习理论在西方逐渐流行。建构主义是行为主义发展到认知主义以后的进一步发展，被誉为当代心理学中的一场革命。

一、建构主义理论概述

（一）建构主义理论

建构主义理论是在皮亚杰（Jean Piaget）的"发生认识论"、维果茨基（Lev Vygotsky）的"文化历史发展理论"和布鲁纳（Jerome Seymour Brunev）的"认知结构理论"的基础上逐渐发展形成的一种新的理论。皮亚杰认为，知识是个体与环境交互作用并逐渐建构的结果。在研究儿童认知结构发展中，他还提到了几个重要的概念：同化、顺应和平衡。同化是指当个体受到外部环境刺激时，用原来的图式去同化新环境所提供的信息，以求达到暂时的平衡状态；若原有的图式不能同化新知识时，将通过主动修改或重新构建新的图式来适应环境并达到新的平衡的过程即顺应。个体的认知总是在"原来的平衡—打破平衡—新的平衡"的过程中不断地向较高的状态发展和升级。在皮亚杰理论的基础上，各专家和学者从不同的角度对建构主义进行了进一步的阐述和研究。科恩伯格（Kornberg）对认知结构的性质和认知结构的发展条件做了进一步的研究；斯滕伯格（Sternberg）和卡茨（D.Katz）等人强调个体主动性的关键作用，并对如何发挥个体主动性在建构认知结构过程中的关键作用进行了探索；维果茨基从文化历史心理学的角度研究了人的高级心理机能与"活动"与"社会交往"之间的密切关系，并最早提出了"最近发展区"理论。所有的研究都使建构主义理论得到了进一步的发展和完善，为应用于实际教学中提供了理论基础。

（二）建构主义理论下的数学教学模式

建构主义理论认为，学习是学习者用已有的经验和知识结构对新的知识进行加工、筛选、整理和重组，并实现学生对所获得知识意义的主动建构，突出学习者的主体地位。所谓以学生为主体，并不是让其放任自流，教师要做好引导者、组织者，也就是说，我们在承认学生主体地位的同时也要发挥好教师的作用。因此，以建构主义为理论基础的教学应注意：首先，发挥学生的主观能动性，把问题还给学生，引导他们独立地思考和发现，并能在与同伴相互合作和讨论中获得新知识。其次，学习者对新知识的建构要以原有的知识经验为基础。最后，教师要扮演好学生忠实支持者和引路人的角色。教师一方面要重视情境在学生建构知识中的作用，将书本中枯燥的知识放在真实的环境中，让学生去体验活生生的例子，从而帮助学生自我创造达到意义建构的目的；另一方面留给学生的足够时间和空间，让尽量多的学生参与讨论并发表自己的见解，学生遇到挫折时，教师要积极鼓励，他们取得进步时，要给予肯定并指明新的努力方向。

数学教学采用"建构主义"的教学模式是指以学生自主学习为核心，以数学教材为学生意义建构的对象，由数学教师担任组织者和辅助者，以课堂为载体，让学生在原有数学知识结构的基础上将新知识与之融合，从而引导学生生长出新的知识，同时也帮助和促进了学生数学素养、数学能力的提高。教学的最终目的是让学生能实现对知识的主动获取和对已获取知识的意义建构。

二、建构主义学习理论的教育意义

（一）学习的实质是学习者的主动建构

建构主义学习理论认为，学习不是老师向学生传递知识信息、学习者被动地吸收的过程，而是学习者自己主动地建构知识的意义的过程。这一过程是不可能由他人所代替的。每个学习者都是在其现有的知识经验和信念基础上，对新的信息主动地进行选择加工，从而建构起自己的理解，而原有的知识经验系统又会因新信息的进入发生调整和改变。这种学习的建构，一方面是对新信息的意义的建构，同时又是对原有经验的改造和重组。

（二）建构主义的知识观和学生观要求教学必须充分尊重学生的学习主体地位

建构主义认为，知识并不是对现实的准确表征，只是对现实的一种解释或假设，并不是问题的最终答案。知识不可能以实体的形式存在于个体之外，尽管我们通过语言符号赋予了知识一定的外在形式，甚至这些命题还得到了较普遍的认可，但这些语言符号充其量只是载着一定知识的物质媒体，它并不是知识本身。学生若想获得这些言语符号所包含的真实意义，必须借助自己已有的知识经验将其还原，即按照自己已有的理解重新进行意义建构，所以教学应该把学生从原有的知识经验中"生长"出新的知识经验。

（三）课本知识不是唯一正确的答案，学生学习是在自我理解基础上的检验和调整过程

建构主义学习理论认为，课本知识仅是一种关于各种现象的比较可靠的假设，只是对现实的一种可能更正确的解释，而绝不是唯一正确的答案。这些知识在进入个体的经验系统被接受之前是毫无意义可言的，只有通过学习者在新旧知识经验间反复相互作用后，才能建构起它的意义。所以，学生在学习这些知识时，不是像镜子那样去"反映"呈现，而是在理解的基础上对这些假设做出自己的检验和调整。

课堂中学生的头脑不是一块白板，他们对知识的学习往往是以自己的经验信息为背景来分析其合理性，而不是简单地套用。因此，关于知识的学习不宜强迫学生被动地接受知识，不能满足教条式的机械模仿与记忆，不能把知识作为预先确定了的东西让学生无条件地接纳，而应关注学生是如何在原有的经验基础上、经过新旧经验相互作用而建构知识含义的。

（四）学习需要走向"思维的具体"

建构主义学习理论批判了传统课堂学习中"去情境化"的做法，转而强调情境性学习与情境性认知。他们认为学校常常在人工环境而非自然情境中教学生那些从实际中抽象出来的一般性的知识和技能，而这些东西常常会被遗忘或只能保留在学习者头脑内部，一旦走出课堂到实际需要时便很难回忆起来，这些把知识与行为分开的做法是错误的。知识总是要适应它所应用的环境、目的和任务的，因此为了使学生更好地学习、保持和使用其所学的知识，就必须让他们在自然环境中学习或在情境中进行活动性学习，促进知和行的结合。

情境性学习要求给学生的任务要具有挑战性、真实性，任务稍微超出学生的能力，有一定的复杂性和难度，让学生面对一个要求认知复杂性的情境，使之与学生的能力形成一种积极的不相匹配的状态，即认知冲突。学生在课堂中不应是学习老师提前准备好的知识，而是在解决问题的探索过程中，从具体走向思维，并能够达到更高的知识水平，即由思维走向具体。

（五）有效的学习需要在合作中、在一定支架的支持下展开

建构学习理论认为，学生以自己的方式来建构事物的意义，不同的人理解事物的角度是不同的，这种不存在统一标准的客观差异性本身就构成了丰富的资源。通过与他人的讨论、互助等形式的合作学习，学生可以超越自己的认识，更加全面深刻地理解事物，看到那些与自己不同的理解，检验与自己相左的观念，学到新东西，改造自己的认知结构，对知识进行重新建构。学生在交互合作学习中不断地对自己的思考过程进行再认识，对各种观念加以组织和改组，这种学习方式不仅会逐渐提高学生的建构能力，而且有利于今后的学习和发展。

为学生的学习和发展提供必要的信息和支持。建构主义者称这种提供给学生、帮助他们从现有能力提高一步的支持形式为"支架，它可以减少或避免学生在认知中不知所措或走弯路"。

（六）建构主义的学习观要求课程教学改革

建构主义认为，教学过程不是教师向学生原样不变地传递知识的过程，而是学生在教师的帮助指导下自己建构知识的过程。所谓建构是指学生是指通过新、旧知识经验之间的、双向的相互作用，来形成和调整自己的知识结构。这种建构只能由学生本人来完成，这就意味着学生是被动的刺激接受者。因此在课程教学中，教师要尊重和培养学生的主体意识，创设有利于学生自主学习的课堂情境和模式。

（七）课程改革取得成效的关键在于按照建构主义的教学观创设新的课堂教学模式

建构主义的学习环境包含情境、合作、交流和意义建构等四大要素。与建构主义学习理论以及建构主义学习环境相适应的教学模式可以概括为：以学习为中心，教师在整个教学过程中起组织者、指导者、帮助者和促进者的作用，利用情境、合作、交流等学习环境要素充分发挥学生的主动性、积极性和首创精神，最终达到学生有效地实现对当前所学知识的意义建构的目的。在建构主义的教学模式下，目前比较成熟的教学方法有情境性教学、随机通达教学等。

（八）基础教育课程改革的现实需要以建构主义的思想培养和培训教师

新课程改革不仅改革课程内容，也对教学理念和教学方法进行了改革，探究学习、建构学习成为课程改革的主要理念和教学方法之一，期许教师能够胜任指导和促进学生的探究和建构的任务，教师自身就要接受探究学习和建构学习的训练，使教师建立探究和建构的理念，掌握探究和建构的方法，唯此才能在教学实践中自主地指导和运用建构教学，激发学生的学习兴趣，培养学生探究的习惯和能力。

第五节　我国的"双基"数学教学理念

在大学数学教学的过程中，面对学生基础严重不牢固，针对大学数学的内容难度较大的特点，学生表现为学习困难，接受效果难尽如人意。在这种情况下，在大学数学教学工作中，只有坚持以"双基"教学理论为指导，才能保证大学数学的教育教学质量。

一、我国"双基教学理论"的综述

1963 年我国颁布了中国特色的大纲，概括为"双基 + 三大能力"，双基即基础知识、基本技能。三大能力包括基本的运算能力、空间想象能力和逻辑思维能力。1996 年我国的高中数学大纲又把"逻辑思维能力"改为"思维能力"，原因是逻辑思维是数学思维的基础部分，但不是核心部分。由于在"双基"教学理论的指导下，我国学生的数学基础以扎实著称。进入 20 世纪，在"三大能力"的基础上，又提出培养学生提出问题、解决问题的能力。在中学阶段的数学教学中，提出培养学生数学意识、培养学生的数学实践能力和运用所学的数学知识解决实际问题的能力。"双基"教学理论的提出和实践，对数学教育工作者提出了新的挑战，为此，研究和运用双基教学理论对实现数学教学的目标具有重要的意义，特别是在当前基础教育教学改革日益深入的今天，做好大学数学教学与中学数学教学的衔接，具有重要的意义。本节以大学数学教学为例，对实践双基教学理论提出自己的经验和措施。

（一）双基教学理论的演进

"双基"教学起源于 20 世纪 50 年代，在 60—80 年代得到大力发展，80 年代之后，不断丰富完善。探讨双基教学的历程，从根本上讲，应考查教学大纲，因为中国教学历来是以纲为本，双基内容被大纲所确定，双基教学可以说来源于大纲导向。大纲中对知识和技能要求的演进历程也是双基教学理论的形成轨迹，双基教学根源于教学大纲，随着教学大纲对双基要求的不断提高而得到加强。所以，我们只要对教学大纲做历史性回顾，就不难找到双基教学的演进历程，此处不再展开。

（二）双基教学的文化透视

双基教学的产生是有着浓厚的传统文化背景的，对基础重要性的传统观念、传统的教育思想和考试文化对双基教学都有着重要影响。

1.关于"基础"的传统信念

中国是一个相信基础重要性的国家，基础的重要性多被作为一种常识为大家所熟悉，在沙滩上建不起来高楼，空中无法建楼阁，要建成大厦，没有好的基础是不行的。从事任何工作，都必须有基础。没有好的基础不可能有创新。"现代社会没有或者几乎没有一个文盲做出过创新成果"常被视作"创新需要知识基础"的一个极端例子。这样的信念支配着人们的行动，于是，大家认为，中小学教育作为基础教育，打好基础、储备好学习后继课程与参加生产劳动及实际工作所必备的、初步的、基本的知识和技能是第一位的，有了好的基础，创新、应用可以逐步发展。这样，注重基础也就成为自然的事情了。其实，学生是通过学习基础知识、基本技能这个过程达到一个更高境界的，不可能越过基础知识、基本技能类的东西而学习其他知识技能来达到创新能力或其他能力的培养。所以，通往教育深层的必由之路就是由基本知识、基本技能铺设的，双基内容应该是作为社会人生存、发展的必备平台。没有基础，就缺乏发展潜能，无论是中国功夫，还是中国书法，都是非常讲究基础的，正是这一信念为双基教学注入了理由和活力。

2. 文化教育传统

中国双基教学理论的产生发展与中国古代教育思想分不开。首先要提的应是孔子的教育思想。孔子通过长期教学实践，提出"不愤不启，不悱不发"的教学原则。"愤"就是积极思考问题，还处在思而未懂的状态；"悱"就是极力想表达而又表达不清楚。就是说，在学生积极思考问题而尚未弄懂的时候，教师才应当引导学生思考和表达。又言"举一隅，不以三隅反，则不复也"，即要求学生能做到举一反三，触类旁通。这种思想和方法被概括为"启发教学"思想。如何进行启发教学，《学记》给出过精辟的阐述："君子之教，喻也。道而弗牵，强而弗抑，开而弗达，道而弗牵则和，强而弗抑则易，开而弗达则思，和易以思，可谓善喻也。"意思是说要引导学生而不要牵着学生走，要鼓励学生而不要压抑他们，要指导学生学习门径，而不是代替学生做出结论。引而弗牵，师生关系才能融洽、亲切；强而弗抑，学生学习才会感到容易；开而弗达，学生才会真正开动脑筋思考。做到这些就可以说得上是善于诱导了。启发教学思想的精髓就是发挥教师的主导作用、诱导作用，教师向来被看作"传道、授业、解惑"的"师者"，处于主导地位。这种教学思想注定了双基教学中的教师的主导地位和启发性特征。

关于学习，孔子有一句名言："学而不思则罔，思而不学则殆。"意思是说光学习而不进行思考则什么都学不到，只思考而不学习则是危险的，主张学思相济，不可偏废。学习必须以思考来求理解，思考必须以学习为基础。这种学思结合思想用现在的观点看，就是创新源于思，缺乏思，就不会有创新，而只思不学是行不通的，表明学是创新的基础，思是创新的前提。故而，应重视知识的学习和反思。朱熹也提出："读书无疑者，须教有疑，有疑者却要无疑，到这里方是长进。"这种学习理念对教学的启示是，要鼓励学生质疑，因为疑是学生动了脑筋的结果，"思"的表现，通过问，解决疑，才可以使学问长进。课堂上教师要多设疑问，故布疑阵，设置情境，不断用问题、疑问刺激学生，驱动学生的思维。这种学习思想为双基教学注入了问题驱动性特征。双基教学理论可以说是中国古代教育思想的引申、发展。

3. 考试文化对双基教学具有促动影响

中国有着悠久的考试文化，自公元 597 年隋文帝实行"科举考试"制度，至今已延续近 1500 年。学而优则仕，学习的目的是通过考试达到自身发展（如做官）的目标。到了现代，考试一样也是通往美好前程的阶梯。而考试内容绝大部分只能是基础性的试题，因为双基是有形的，容易考查，创新性、灵活性、应用能力的考查比较困难，尤其是在限定的时间内进行的考查。另外，教学大纲强调双基，考试以大纲为准绳，教学自然侧重于双基教学，考试重点考双基，那么各种教学改革只能是以双基为中心，围绕双基开展，最终是使双基更加扎实，使双基更加突出。这种考试要求与教学要求的相互影响，使得双基教学得到加强。总之，双基教学理论既是中国古代教育思想的发扬，又深受中国传统考试文化的影响。新课改中，如何更新双基，如何继承和发扬双基教学传统，是一个需要认真思考的重要课题。

二、双基教学模式的特征分析

（一）双基教学模式的外部表征

双基教学理论作为一种教育思想或教学理论，可以看作以"基本知识和基本技能"教学为本的教学理论体系，其核心思想是重视基础知识和基本技能的教学。它首先倡导了一种所谓的双基教学模式，我们先从双基教学模式外显的一些特征进行描述刻画。

1. 双基教学模式课堂教学结构

双基教学在课堂教学形式上有着较为固定的结构，课堂进程基本呈"知识、技能讲授—知识、技能的应用示例—练习和训练"序状，即在教学进程中先让学生明白知识技能是什么，再了解怎样应用这个知识技能，最后通过亲身实践练习掌握这个知识技能及其应用。典型教学过程包括五个基本环节：复习旧知—导入新课—讲解分析—样例练习—小结作业，每个环节都有自己的目的和基本要求。

复习旧知的主要目的是为学生理解新知、逾越分析和证明新知障碍做知识铺垫，避免学生思维走弯路。在导入新课环节，教师往往是通过适当的铺垫或创设适当的教学情境引出新知，通过启发式的讲解分析，引导学生尽快理解新知内容，让学生从心理上认可、接受新知的合理性，即及时帮助学生弄清是什么、弄懂为什么；进而以例题形式讲解、说明其应用，让学生了解新知的应用，明白如何用新知；然后让学生自己练习、尝试解决问题，通过练习，进一步巩固新知，增进理解，熟悉新知及其应用技能，初步形成运用新知分析问题、解决问题的能力；最后小结一堂课的核心内容，布置作业，通过课外作业，进一步熟练技能，形成能力。所以，双基教学有着较为固定的形式和进程，教学的每个环节安排紧凑，教师在其中既起着非常重要的主导作用、示范作用或管理作用，同时也起着为学生的思维架桥铺路的作用，由此也产生了颇具中国特色的教学铺垫理论。

2. 双基教学模式课堂教学控制

双基教学模式是一种教师有效控制课堂的高效教学模式。双基教学重视基础知识的记忆理解、基本技能的熟练掌握运用，具体到每一堂课，教学任务和目标都是明确具体的，包括教师应该完成什么样的知识技能的讲授，达到什么样的教学目的，学生应该得到哪些基本训练（做哪些题目），实现哪些基本目标，达到怎样的程度（如练习正确率），等等。教师为实现这些目标有效组织教学、控制课堂进程。正是有明确的任务和目标以及必须实现这些任务和目标的驱动，教师责无旁贷地成为课堂上的主导者、管理者，导演着课堂中几乎所有的活动，使得各种活动都呈有序状态，课堂时间得到有效利用。课堂活动组织得严谨、周密、有节奏、有强度。整堂课的进程，有高度的计划性，什么时候讲，什么时候练，什么时候演示，什么时候板书，板书写在什么位置，都安排得非常妥当，能有效地利用上课的每一分钟时间。整堂课进行得井井有条，教师随时注意学生遵守课堂纪律的情况，防止和克服不良现象的发生，随时注意进行教学组织工作，而且进行得很机智，课堂秩序一般表现良好。

严谨的教学组织形式不仅高效，而且避免了学生无政府主义现象的发生。双基教学注重教师的有效讲授和学生的即时训练、多重练习，教师讲课，要求语言清楚、通俗、生动、富有感情，表述严谨，言简意赅。在整堂课的讲授过程中，教师充分发挥主导作用，不断提问和启发，学生思维被激发调动，始终处于积极的活动状态。在训练方面，以解题思想方法为首要训练目标，一题多解、一法多用、变式练习是经常使用的训练形式，从而形成了中国教学的"变式"理论，包括概念性变式和过程性变式。

双基教学模式下，教师具有的知识特征通过一些比较研究可以看到：我国教师能够多角度理解知识，如中国学者马力平的中美数学教育比较研究表明：在学科知识的"深刻理解"上，中国教师有明显的优势。

3. 双基教学的目标

双基教学重视基础知识、基本技能的传授，讲究精讲多练，主张"练中学"，相信"熟能生巧"，追求基础知识的记忆和掌握、基本技能的操演和熟练，以使学生获得扎实的基础知识、熟练的基本技能和较高的学科能力。对基础知识讲解得细致，对基本技能训练得入微，使学生一开始就能对所学习的知识和技能获得从是什么、为什么、有何用到如何用的较为系统的、全面的和深刻的认识。在注重基础知识和基本技能教学的同时，双基教学从不放松和抵制对基本能力的培养和个人品质的塑造，相反，能力培养一直是双基教学的核心部分，如数学教学始终认为运算能力、空间想象能力、逻辑思维能力是数学的三大基础能力。可以说，双基教学本身就含有基础能力的培养成分和带有指导性的个性发展的内涵。

4. 双基教学的课程观

在"双基教学"理论中，"基础"是一个关键词。某些知识或技能之所以被选进课程内容，并不是因为它们是一种尖端的东西，而是因为它们是基础的，所以双基教学思想注重课程内容的基础性。同时，双基教学也注重课程内容的逻辑严谨性，在课程教材的编制上，体现为重视教学内容结构以及逻辑系统的关系，要求教材体系符合学科的系统性（当然也要符合学生的心理发展特点），依据学科内容结构规律安排，做到先行知识的学习与后继知识的学习互相促进。双基教学的课程观也非常注意感性认识与理性认识的关系，教学内容安排要求由实际事例开始，由浅入深、由易到难、由表及里、循序渐进。

5. 双基教学理论体系的开放性

双基教学并不是一个封闭的体系，在其发展过程中，不断地吸收先进的教育教学思想来丰富和完善自身的理论。双基的内涵也是开放的，内容随着时代的变化而变化。总之，从外部来看，双基教学理论是一种讲究教师有效控制课堂活动、既重讲授又重练习、既重基础又重能力、有明确的知识技能掌握和练习目标的开放的教学思想体系。

（二）双基教学的内在特征

深入课堂教学内部，借助典型案例，分析中国教师的教学实践和经验总结，我们不难得到，中国双基教学至少包括下面五个基本特征：启发性、问题驱动性、示范性、层次性和巩固性。

1. 启发性

双基教学强调双基，同时强调传授双基的教学过程中贯彻启发式教学原则，反对注入式，主张启发式教学，反对"填鸭"或"灌输"式教学。各种教学活动以及教学活动的各个环节都要求富有启发性，不论是教师讲解、提问、演示、实验、小结、复习、解答疑难，也不论是进行概念、定理（公式）的教学，复习课、练习课的教学，教师都讲究循循善诱，采取各种不同方式启发学生思维，激发学生潜在的学习动机，使之主动地、积极地、充满热情地参与到教学活动中。在讲解过程中，教师会"质疑启发"，即通过不断设疑、提问、反诘、追问等方式激发学生思考问题，通过释疑解惑，开通思路，掌握知识。在演示或实验过程中，教师会进行"观察启发"，借助实物、模型、图示等，组织学生观察并思考问题、探求解答。在新结论引出之前，根据内容情况，教师有时采用"归纳启发"，通过实验、演算先得出特殊事例，再引导学生对特殊材料进行考察获得启发，进而归纳、发现可能规律，最后获得新结论。有时会采用"对比启发"或"类比启发"，运用对比手法以旧启新，根据可类比的材料，启发学生对新知识做出大胆猜想。所以，贯彻启发式原则是双基教学的一个基本要求，也因此，双基教学具有了启发性特征。

如有的教师为了讲清数学归纳法的数学原理，首先从复习不完全归纳法开始，指出它是人们用来认识客观事物的重要推理方法，并揭示它是一种可靠性较弱的方法，由此产生认知冲突，即当对象无限时，如何保证从特殊归纳出一般结论的正确性。接着，用生活实例——摸球进行类比启发：如果袋中有无限多个球，如何验证里面是否均为白球？显然不能逐一摸出来验证，由于不可穷尽，所以无法直接验证。但如果能有"当你这一次摸出的是白球，则下一次摸出的一定也是白球"这样的前提保证，则大可不必逐个去摸，而只要第一次摸出的确实是白球即可。至此，为什么数学归纳法只完成两步工作就可对一切自然数下结论的思想实质清澈可见。双基教学的启发性是教师创设的，是教师主导作用的充分体现，其关键是教师的引导和精心设计的启发性环境，启发的根本不在于让学生"答"，而在于让学生思考，或者简单地说在于让学生"想"。

2. 问题驱动性

从表面上看，一堂课可能全是教师在讲解，学生在被动地听，可实际上，学生思维可能正在教师的步步启发下积极地活动着，进行着有意义的学习。事实上，双基教学中，教师的一切活动始终是围绕学生的思考或思维服务的，为学生积极思考提供、搭建脚手架，为学生建构新知识结构提供有效的、高效率的帮助。双基教学讲究在教师的启发下让学生自己发现，这是一种特殊的探索方式，双基教学的这种启发性内隐特征决定了双基教学并不是教师直接把现成的知识传授给学生，而是经常地引导学生去发现新知。问题驱动性双基教学强调教师的主导作用，整个教学过程经由教师精心设计，成为一环扣一环、由教师有效控制、逐步递进的有序整体，使得学生能轻松地一小步一小步地达到预定目标。在这个有序教学整体的开始，教师以提问方式驱动学生回顾复习旧知识，通过精心设计的问题情境，凸显"用原有的知识无法解决的新的矛盾或问题"，以此为契机，让学生体验到进一步探索新知的必要性，认识到将要研究和学习的新知是有意义和有价值的，继而将课题内容设计为一系列的矛盾或问题解决形式，并不断地以启发、提问和讲解的方式展开并递进解决。

事实上，双基教学模式中，教师设计一堂课，经常会考虑如何用设计好的情境来呈现新旧知识之间的矛盾或提出问题，引起认知冲突，使学生有兴趣进行这节课的学习，同时也会考虑如何引入概念，如何将问题分解为一个一个有递进关系的问题，逐步深入，如何应用以往的工具和新引进的概念解决这些问题，等等，以驱使学生聚精会神地动脑思考，或全神贯注地听老师讲解分析解决问题或矛盾的方法或思想。双基教学中，教师并不是简单地将大问题分拆成一个一个小问题机械地呈现给学生，而是经常将讲解的内容转变为问题式的提问或启发式问题，融合在教师的讲授中，这些提问或启发式问题具有强驱动性，促使学生思维不断地沿着教师的预设方向进行。教师这种不断地通过"显性"和"隐性"的问题驱动学生的思维活动（隐性的问题可以看作启发，显性的问题可以看作课堂提问），构成了中国双基教学的一大特色。

课堂上的显性提问既能激发学生的思维，又能起到管理班级的作用，使学生的思想不易开小差。隐性启发式问题一方面使学生的思维具有方向，避免盲目性；另一方面为学生理解新知搭建了脚手架，使之顺着这些问题就能够达到理解的巅峰。双基教学在解题训练教学方面，讲究"变式"方法。通过变式训练，明晰概念，归纳解题方法、技巧、规律和思想，促进知识向能力转化。教师不断在"原式"基础上变换出新问题，让学生仿照或模仿或基于"原式"的解法进行解决，使学生参与到一种特殊的探究活动中。这种以变式问题形式驱动学生课堂上的学习行为是中国双基教学的又一大特点。

双基教学课堂中大量的"师对生"的问题驱动（提问）使学生整堂课都处在一种高度积极的思维活动之中，思维高速运转，思维不断地被教师的各种问题驱动而推向主动思考的高潮，学生对课堂上教师显性知识的讲解基本能够听懂、弄明白，基本不存在疑问。学生也正是在有逻辑地一步步不停地思考老师的各种问题或听老师对各种问题的分析解释的过程中不自觉地建构着知识和对知识的理解，同时在对教师的观点、思想和方法做着评价、批判、反思。从这个意义上来讲，问题驱动特征导致双基教学是一种有意义的学习，而不是机械学习、被动接受，从它的多启发性驱动问题的设置我们可以确信这一点。至于在过去的一个非常时期内，教师地位不高导致教师的专业化水平低下，从而在个别地方个别教师出现照本宣科、满堂灌或填鸭式教学的现象，显然不是双基教学思想的产物。可见，双基教学教师惯常以问题、悬念引入，教学中教师充分发挥主导作用，不断地以问题驱动，激发学生思维，引起学生反思，使学生潜在而自然地建构知识和对知识的理解，并从中体验学科的价值、思想、观点和方法等。

3.示范性

双基教学的另一个内隐特征是教师的示范性。表面上看，教师只是在做讲解和板书，而实际上，教学过程中教师不断地提供着样例，做着语言表达的示范、解题思维分析的示范、问题解决过程的示范、例题解法书写格式的示范以及科学思维方式的示范等。如以例题形态出现的知识的应用讲解，教师每一个例题的讲解都分析得清楚、细致，这无形中给学生做了一个如何分析问题的示范、知识如何应用的示范、这类问题如何解决的示范和解决这类问题的方法的使用示范。教师对例题的讲解分析是双基教学中最典型的最重要的示范之一，教师做那么细致的分析，目的之一就是想为学生做个如何分析问题、解决问题的示范，因为分析是解题中的关键一环，学会分析问题、解决问题也是教学目标之一。其中，典型例题的教学是展示双基应用的主要载体，分析典型例题的解题过程是让学生学会解题的有效途径。一方面，学生能够理解例题解法；另一方面，学生能从中模仿学习如何分析问题，能够仿照例题解决类似的变式问题。所以，双基教学中教师不仅是知识的讲授者，同时也是关于知识的理解、思考、分析和运用的示范者。难怪人们认为双基教学就是记忆、模仿加练习，这里，教师确实提供了各种供学生模仿的示范行为。

然而，如果教师不做出示范，学生就难以在较短的时间内学会这些技能。所以，双基教学中，教师的示范性特征使得基础知识、基本技能的学习掌握变得容易。其实，教师的示范作用十分重要，如刚刚开始接触几何命题的推理证明时，书写表达的示范、思路分析的示范对学生学习几何都是非常有益的。教师的示范是体现在师生共同活动中的，不是教师做学生看的表演式示范。另外，在许多时候，教师显性提问让学生回答，学生在表达过程中可能出现许多不太准确的表述，教师在学生回答过程中给予正确的重复，或者在黑板上板书学生说的内容时随时给予更正、规范，这使得学生在回答问题的过程中出现的一些不准确的语言表达得到了修正，同时也为全班学生做了个示范，这对学生准确地使用学科语言进行交流是非常有意义的。

4. 层次性

双基教学内隐着一种层次递进性。在教学安排方面，一般是铺垫引入，由浅入深，快慢有度，步伐适当，有层次上升。概念原理分析讲解方面，教师多以举例说明，以例引理，以例释理，让学生历经从低层次直观感受到高层次概括抽象。这些都体现了双基教学的层次性。双基教学中，练习占有很重的分量，体现为双基训练。同样，练习安排也具有层次性。在双基训练设计中，习题分层次给出，分阶段让学生训练，先是基本练习，再是变式训练，然后是综合练习，最后是专题练习。学生通过各种层次的练习，能有效地实现知识的内化，理解各种知识状态，熟悉各种应用情境。

5. 巩固性

双基教学的另一个内隐特征是知识经常得到系统回顾，注重教学的各个关口的复习巩固。理论上来讲，知识的理解、掌握和应用不是一回事，理解、领会了某种知识可能掌握或记忆不住这一知识，也可能不会运用这一知识，能不能掌握、记住记不住、会不会用与知识的学习理解过程不是一脉相承的，知识的掌握、应用是另一个环节。双基教学的一个优势就是融知识的学习理解与知识的记忆、掌握、应用于一体，新知识学习之后紧接着就是知识的应用举例，再接着是知识的应用练习巩固，从而达到这样一种效果：在应用举例中初步体会知识的应用、增强对知识的理解，在练习训练中进一步理解知识、应用知识、熟练知识、掌握知识、巩固知识，直至熟练运用知识。双基教学中，每堂课第一个环节一般都是复习，组织学生对已学的旧知识做必要的复习回顾，通常包括两类内容：

①对前次课所学知识的温故，其目的在于通过这些知识再现于学生，使之得到进一步巩固；②作为新知识论据的旧知识，不是前次课所学知识，而是学生早先所学现在可能遗忘的，这种复习的目的在于为新知识的教学做好充分的准备。

作为复习形式，以提问或敲黑板形式居多。最后一个教学环节是小结，每当新知识学习后教师都要进行小结巩固，即时复习，形式多样，包括对刚学习的新概念、新原理、新定律或公式内容的复述，新知识在解题中的用途和用法以及解决问题的经验概括。这两个教学环节分别对旧知和新知起到巩固作用。教师通常采用复习课形式进行阶段性复习巩固，这种复习课的突出特点是："大容量、高密度、快节奏。"一个阶段所学习的知识技能被梳理得脉络清楚、条理清晰，促使知识进一步结构化；大量的典型例题讲解使知识的应用能力得到大大提升，问题类型一目了然，知识的应用范围一清二楚，知识如何应用得到进一步明晰。复习之后就是阶段性测验或考试，这为进一步巩固又提供了机会。至此，我们可以给双基教学一个界定：双基教学是注重基础知识、基本技能教学和基本能力培养的，以教师为主导以学生为主体的，以学法为基础，注重教法，具有启发性、问题驱动性、示范性、层次性、巩固性特征的一种教学模式。

三、新课程理念下"双基"教学

"双基"是指"基础知识"和"基本技能"。中国数学教育历来有重视"双基"的传统，同时社会的发展、数学的发展和教育的发展，要求我们与时俱进地审视"双基"和"双基"教学。我们可以从新课程中新增的"双基"内容，以及对原有内容的变化（这种变化包括要求和处理两个方面）和发展上，去思考这种变化，去探索新课程理念下的"双基"教学。

（一）如何把握新增内容的教学

这是教师在新课程实施中遇到的一个挑战。为此，我们首先要认识和理解为什么要增加这些新的内容，在此基础上，把握好"标准"对这些内容的定位，积极探索和研究如何设计和组织教学。

随着科学技术的发展，现代社会的信息化要求日益加强，人们常常需要收集大量的数据，根据新获得的数据提取有价值的信息，做出合理的决策。统计是研究如何合理地收集、整理和分析数据的学科，为人们制定决策提供依据；概率是研究随机现象规律的学科，它为人们认识客观世界提供了重要的思维模式和解决问题的方法，同时为统计学的发展提供了理论基础。因此，可以说在高中数学课程中统计与概率作为必修内容是社会的必然趋势与生活的要求。例如，在高二"排列与组合"和"概率"中，有一个重要内容"独立重复试验"，作为这部分内容的自然扩展，本章中安排了二项分布，并介绍了服从二项分布的随机变量的期望与方差，使随机变量这部分内容比较充实一些。本章第二部分"统计"与初中"统计初步"的关系十分紧密，可以认为，这部分内容是初中"统计初步"的十分自然的扩展与深化，但由于学生在学习初中的"统计初步"后直到学习本章之前，基本上没有复习"统计初步"的内容，对这些内容的遗忘程度会相当高，因此，本章在编写时非常注意联系初中"统计初步"的内容来展开新课。再如，在讲抽样方法的开始时重温：在初中已经知道，通常我们不是直接研究一个总体，而是从总体中抽取一个样本，根据样本的情况去估计总体的相应情况，由此说明样本的抽取是否得当对研究总体来说十分关键，这样就会使学生认识到学习抽样方法十分重要。又如在讲"总体分布的估计"时，注意复习初中"统计初步"学习过的有关频率分布表和频率分布直方图的有关知识，帮助学生学习相关的内容。另外，在学习统计与概率的过程中，将会涉及抽象概括、运算求解、推理论证等能力。因此，统计与概率的学习过程是学生综合运用所学的知识，发展解决问题能力的有效过程。

由于推理与证明是数学的基本思维过程，是做数学的基本功，是发展理性思维的重要方面；数学与其他学科的区别除了研究对象不同之外，最突出的就是数学内部规律的正确性必须用逻辑推理的方式来证明，而在证明或学习数学的过程中，又经常要用合情推理去猜测和发现结论、探索和提供思路。因此，无论是学习数学、做数学，还是对学生理性思维的培养，都需要加强这方面的学习和训练。据此，增加了"推理与证明"的基础知识。在教学中，可以变隐性为显性，变分散为集中，结合以前所学的内容，通过挖掘、提炼、明确化等方式，使学生感受和体验如何学会数学思考方式，体会推理和证明在数学学习以及日常生活中的意义和作用，提高数学素养。例如，可通过探求凸多面体的面、顶点、棱之间的数量关系，通过平面内的圆与空间中的球在几何元素和性质上的类比，体会归纳和类比这两种主要的合情推理在猜测和发现结论、探索和提供思路方面的作用。通过搜集法律、医疗、生活中的素材，体会合情推理在日常生活中的意义和作用。

（二）教学中应使学生对基本概念和基本思想有更深的理解和更好的掌握

在数学教学和数学学习中，强调对数学的认识和理解，无论是基础知识、基本技能的教学，数学的推理与论证，还是数学的应用，都要帮助学生更好地认识数学、认识数学的思想和本质。那么，在教学中应如何处理才能达到这一目标呢？

首先，教师必须很好地把握诸如函数、向量、统计、空间观念、运算、数形结合、随机观念等一些核心的概念和基本思想。其次，要通过整个高中数学教学中的螺旋上升、多次接触，通过知识间的相互联系，通过问题解决的方式，使学生不断加深认识和理解。比如：对于函数概念真正的认识和理解，是不容易的，要经历一个多次接触的较长的过程，要通过提出恰当的问题，创设恰当的情境，使学生产生进一步学习函数概念的积极情感，帮助学生从需要认识函数的构成要素，需要用近现代数学的基本语言—集合的语言来刻画出函数概念，需要提升对函数概念的符号化、形式化的表示等三个主要方面来帮助学生进一步认识和理解函数概念。最后，通过基本初步函数—指数函数、对数函数、三角函数的学习，进一步感悟函数概念的本质，以及为什么函数是高中数学的一个核心概念。在"导数及其应用"的学习中，通过对函数性质的研究，再次提升对函数概念的认识和理解，等等。这里，我们要结合具体实例（如分段函数的实例，只能用图像来表示等），结合作为函数模型的应用实例，强调对函数概念本质的认识和理解，并一定要把握好对诸如求定义域、值域的训练，不能做过多、过繁、过于人为的一些技巧训练。

（三）加强对学生基本技能的训练

熟练掌握一些基本技能，对学好数学是非常重要的。例如：在学习概念中要求学生能举出正、反面例子的训练；在学习公式、法则中要有对公式、法则掌握的训练，也要注意对运算算理认识和理解的训练；在学习推理证明时，不仅仅注重推理证明形式上的训练，更要关注对落笔有据、言之有理的理性思维的训练；在立体几何学习中不仅要有对基本作图、识图的训练，而且要从整体观察入手，以整体到局部与从局部到整体相结合，从具体到抽象、从一般到特殊的认识事物的方法的训练；在学习统计时，要尽可能让学生经历数据处理的过程，从实际中感受、体验如何处理数据，从数据中提取信息。在过去的数学教学中，往往偏重于单一的"纸与笔"的技能训练，以及对一些非本质的细枝末节的地方，过分地做了人为技巧方面的训练，例如对函数中求定义域过于人为技巧的训练。特别是在对运算技能的训练中，经常人为地制造一些技巧性很强的高难度计算题，比如三角恒等变形里面就有许多复杂的运算和证明。这样的训练学生往往感到比较枯燥，渐渐的学生就会失去对数学的兴趣，这是我们所不愿看到的。我们让学生进行基本技能训练，不是单纯为了让他们学习、掌握数学知识，还要在学习知识的同时，以知识为载体，提高他们的数学能力，提高他们对数学的认识。事实上，数学技能的训练，不仅包括"纸与笔"的运算、推理、作图等技能训练，随着科技和数学的发展，还应包括更广的、更有力的技能训练。

例如，我们要在教学中重视对学生进行以下的技能训练：能熟练地完成心算与估计；能正确地、自信地、适当地使用计算机或计算器；能用各种各样的表、图、打印结果和统计方法来组织、解释，并提供数据信息；能把模糊不清的问题用明晰的语言表达出来；能从具体的前后联系中，确定该问题采用什么数学方法最合适，会选择有效的解题策略。也就是说，随着时代和数学的发展，高中数学的基本技能也在发生变化。教学中也要用发展的眼光、与时俱进地认识基本技能，而对于原有的某些技能训练，随着时代的发展可能被淘汰，如以前要求学生会熟练地查表，像查对数表、三角函数表等。当有了计算器和计算机以后，就能使用计算机或计算器这样的技能替代原来的查表技能。

（四）鼓励学生积极参与教学活动，帮助学生用内心的体验与创造来学习数学，认识和理解基本概念、掌握基础知识

随着数学教育改革的展开，无论是教学观念，还是教学方法，都在发生变化。但是，在大多数的数学课堂教学中，教师以灌输式的方式讲授，学生以机械的、模仿、记忆的方式对待数学学习的状况仍然占有主导地位。教师的备课往往把教学变成一部"教案剧"的编导过程，教师自己是导演、主演，最好的学生能当群众演员，一般学生就是观众，整个过程就是教师在活动，这是我们最常规的教学，"独角戏、一言堂"，忽略了学生在课堂教学中的参与。

为了鼓励学生积极参与教学活动，帮助学生用内心的体验与创造来学习数学，认识和理解基本概念，掌握基础知识，在备课时不仅要备知识，把自己知道的最好、最

生动的东西给学生，还要考虑如何引导学生参与，应该给学生一些什么，不给什么，先给什么，后给什么，怎么提问，在什么时候，提什么样的问题才会有助于学生认识和理解基本概念、掌握基础知识，等等。例如，在用集合、对应的语言给出函数概念时，可以首先给出有不同背景，但在数学上有共同本质特征（是从数集到数集的对应）的实例，与学生一起分析它们的共同特征，引导学生自己去归纳出用集合、对应的语言给出函数的定义。当我们把学生学习的积极性调动起来，学生的思维被激活时，学生会积极参与到教学活动中来，也就会提高教学的效率，同时，我们需要在实施过程中不断探索和积累经验。

（五）借助几何直观揭示基本概念和基础知识的本质和关系

几何直观形象，能启迪思路、帮助理解。因此，借助几何直观学习和理解数学，是数学学习中的重要方面。徐利治先生曾说过，只有做到了直观上理解，才是真正理解。因此，在"双基"教学中，要鼓励学生借助几何直观进行思考，揭示研究对象的性质和关系，并且学会利用几何直观来学习和理解数学的这种方法。例如，在函数的学习中，有些对象的函数关系只能用图像来表示，如人的心脏跳动随时间变化的规律——心电图；在导数的学习中，我们可以借助图形，体会和理解导数在研究函数的变化：是增还是减、增减的范围、增减的快慢等问题中，是一个有力的工具；认识和理解为什么由导数的符号可以判断函数是增是减，对于一些只能直接给出函数图形的问题，更能显示几何直观的作用了。再如对于不等式的学习，我们也要注重形的结合，只有充分利用几何直观来揭示研究对象的性质和关系，才能使学生认识几何直观在学习基本概念、基础知识，乃至整个数学学习中的意义和作用，学会数学的一种思考方式和学习方式。

当然，教师自己对几何直观在数学学习中的认识上要有全面的认识。例如，除了需注意不能用几何直观来代替证明外，还要注意几何直观带来的认识上的片面性。例如，对指数函数 y=ax（a>1）图像与直线 y=x 的关系的认识，以往教材中通常都是以 2 或 10 为底来给出指数函数的图像。在这种情况下，指数函数 y=ax（a>1）的图像都在直线 y=x 的上方，于是，便认为指数函数 y=ax（a>1）的图像都在直线 y=x 的上方，教学中应避免类似的这种因特殊赋值和特殊位置的几何直观得到的结果所带来的对有关概念和结论本质认识的片面性和错误判断。

（六）恰当使用信息技术，改善学生学习方式，加强对基本概念和基础知识的理解

现代信息技术的广泛应用正在对数学课程的内容、数学教学方式、数学学习方式等方面产生深刻的影响。信息技术在教学中的优势主要表现在：快捷的计算功能、丰富的图形呈现与制作功能、大量数据的处理功能等。因此，在教学中，应重视与现代

信息技术的有机结合，恰当地使用现代信息技术，发挥现代信息技术的优势，帮助学生更好地认识和理解基本概念和基础知识。例如在函数部分的教学中，可以利用计算器、计算机画出函数的图像，探索它们的变化规律，研究它们的性质，求方程的近似解，等等。在指数函数性质教学中，就可以考虑首先用计算器或计算机呈现指数函数 $y=a^x(a>1)$ 的图像，在观察过程中，引导学生去发现当 a 变化时，指数函数图像成菊花般的动态变化状态，但不论 a 怎样变化，所有的图像都经过点（0，1），并且会发现当 a>1 时，指数函数单调增。

通过对大学数学的教学研究，发现制约大学数学教学质量的主要原因在于大学数学教学与中学数学教学的脱节。这不仅表现在教材内容的衔接上，也表现在教学中对学生的要求上。例如，求的极限，学生在课堂上不能够使用三角公式进行和差化积，问其原因，学生回答说："高中数学老师说和差化积公式不用记，高考卷子上是给出的，只要会用。"这样做的结果导致学生的基础严重不牢固，给大学数学学习带来障碍和困难。为了改变这种基础教育与大学教育严重脱节的问题，大学的教育教学就要进行改革，从教育教学理念到教材内容进行全方位的改革，使之与当前我国的教学改革相适应。实现基础教育改革的目标与价值，删减偏难偏怪的内容和陈旧的内容，提升教学内容把精华的部分传授给学生。基础教育阶段要按照"双基"理论加强"双基"教学，为学生后继学习奠定必要的基础。

第二章　大学数学教学模式

第一节　基于微课的大学数学教学模式

随着信息科技技术的快速发展，教育信息化已然成为不可逆转的时代潮流。其中微课当属教育信息化的典型模式之一，其在推动教育信息化发展方面功不可没。目前，将微课教学模式引入高等院校教学中，切实提升教学质量，已经成为高等院校教学中亟待研究的重要课题。因此本节以大学数学为研究对象，探究如何将微课和大学数学教学模式融合到一起。

一、微课基本概述

微课的概念诞生于 2008 年，最初由美国新墨西哥州圣胡安学院的高级教学设计师、学院的在线服务经理 David Penrose 提出。她将课程的要点进行提炼，并制作成十几分钟的视频上传到网络上，而后被称为"一分钟教授"。相对于国外来说，国内关于微课的研究起步相对较晚，2010 年广东佛山教育局的胡铁生提出了微课教学理念。他指出：微课主要基于视频这种传达方式，将教师在课堂教育教学中围绕某一个知识点或者教学环节展开的精彩教学活动全过程。其特点如下：

（一）教学时间

微课教学内容中最为关键的载体就是教学视频。该视频要求短小且精悍。依据学生的认知特点以及学习规律，其注意力的高度集中时间不宜太长。通常而言，最佳的微课时长应该为 5~8 分钟。

（二）教学内容主题明确

微课的内容必须完整，并且通俗易懂，能够在短时间内完整呈现相关知识点，同时还容易被学习者接受，有利于提升教学效果。微课视频中不仅包含文字内容，还有图片、声音等内容，能够更加生动地阐述知识点全貌，便于激发学生的学习兴趣，提升学习效率。

（三）教学模式便于操作

因为微课主要的传达方式为视频，且其容量较小，内容精悍，运用网络传播平台便可以实现在线观看微课视频的功能，也可以实现师生间的视频交流学习。在微课教学模式下，学生不仅仅局限于教室和学校，随着信息技术和网络技术的不断发展，学生能够利用手机、笔记本、iPad 等移动终端来实现微课学习。可以说，微课不再受地域以及播放终端的约束，能够实现跨时空、跨区域的移动学习。

二、大学数学微课设计的主要类型

（一）课前预习微课

学生在中学时期已经初步接触了部分大学数学的基础内容。由于大学数学的应用性相对较强，因此教师开发设计微课时，需要恰当把握学生已有基础知识和新知识之间的切合点，或者依据知识点相关的实际问题，设计一个简短的引入片段。例如，可以将变速直线运动的瞬时速度问题以及曲线的切线问题设计为导数概念的课前预习微课内容。学生可以利用手机或者平板电脑等在课前观看预习微课，从而为新课的学习奠定基础，取得听课的主动权。

（二）知识点讲授式微课

大学数学的教学内容较为丰富，知识点也比较多，学生在学习的时候，也难以把握好重点。因此教师在制作微课的时候，应该将其中一个知识点作为一个单元，尤其要针对其中的重难点问题设计微课。例如关于函数、极限和连续模块的微课，就可以设计为初等函数的概念、函数极限的定义、等价无穷小、重要极限、函数的连续性、函数的间断点和分类、零点定理等。要求和知识点相关的微课设计短小而精悍，突出重难点。学生可以依据自身的实际状况，随时进行学习，同时将其纳入自身的知识体系中去。

（三）例题习题解答式微课

对于学生集中反映出的典型例题或者习题，将其设计成为微课也可以满足学生不同的个性需求。例如求函数极限的不同方法归纳及典型例题，积分上限的函数求导问题，利用不同的坐标系来计算三重积分，等等。将这些典型的例题和习题分类整理制作成为微课，让学生反复进行观看，能够起到举一反三的重要作用。

（四）专题问题讨论式微课

大学数学的知识点既来源于实际，又应用于实际。因此在实际教学过程中，教师应结合不同学生的专业背景，结合相应的知识点，设计一些小的专题，组织学生开展小规模的讨论并制作成为微课。这样学生就能够利用微课不断巩固相关知识要点，对提高学习效率作用很大。

三、大学数学微课教学模式实施

在大学数学教学中引入微课，教师首先要综合分析教学目标、教学对象和教学内容，同时运用信息化的教材或者微信平台，将微课视频教学资源进行发布。同时，教师还应该结合不同学生的专业背景，设计一些具有针对性的问题，以便于学生能够自主通过查阅相关资料并结合自身所学来加以分析和解决。此外，学生还可以通过微课视频自主组织学习或者是分组协作学习，反复思考，从而不断构建自身的知识体系，同时将相关问题带到课堂进行讨论和交流。

在大学数学课堂上，教师需要认真分析和总结学生提出的难点和问题，找到学生普遍难以理解的，且具备一定探究意义的问题，组织学生开展小组讨论，以便培养学生的自主探究问题和解决问题的能力。课堂最后，教师还应该结合微课视频，将知识点中的重难点进行系统的归纳和总结。教师逐渐由课堂知识的传授者转变为组织者、合作者以及释疑者，学生则变成了课堂的主角和知识的挑战者。课堂授课结束后，教师还应该分发微课视频给学生，以便学生反复观看，更好地巩固相关知识要点，同时引导学生自主进行总结学习，并对学生提交的总结予以反馈评价。引导学生开展网上互动讨论，以便激发学生的学习热情。

例如，在对定积分的应用进行讲解时，教师应首先明确教学内容，也就是定积分的元素法。然后将制作好的预习微课提前发布给学生，以便学生课前做好相关的准备工作。在课堂上，教师和学生应将需要探究的问题进行统一。如可以将定积分的元素法应用时需要满足的条件、步骤、如何求解平面图形的面积和旋转体的体积等作为需要共同探究的问题，并积极引导学生进行讨论，探究解决办法。课堂最后，教师可以结合微课视频，将定积分的元素法以及应用进行归纳提炼，构建起一个完整的知识框架。课后，教师将微课视频分发给学生，引导其进行自主讨论和探索，并及时对学生的学习成果予以评价和反馈。

总之，微课是当前高等教学工作中的全新理念。本节以大学数学作为研究对象，探究了微课在大学数学教学中的具体应用模式和应用思路。微课时代到来后，也不能否认了传统教学模式中的好的做法，而是应该将微课和传统教学模式进行有机融合，取长补短，从而切实提升大学数学的教学质量。

第二节 基于 CDIO 理念的大学数学教学模式

大学数学是高校重要的公共基础课，而建设和发展大学数学直接影响着高校人才的培养。现阶段许多高校都在积极开展 CDIO 人才培养模式，其主要以产品研发到运行的整个生命周期作为媒介，促使学生通过主动、实践、课程间有机联系的方式开展学习。将 CDIO 理念切实应用到大学数学教学模式中，具有十分重要的现实意义。因此，本节主要对基于 CDIO 理念的大学数学教学模式进行深入探究。

一、CDIO 理念对大学数学教学模式的要求

（一）强调学生处于主动地位

CDIO 理念强调学生的中心主动地位，改变了传统以教师为主导的教学理念，强调学生主动参与教学，强调学生自主学习。

（二）强调培养学生的实践能力

CDIO 理念强调学生实践能力的培养，CDIO 理念要求学生从传统的听数学转变为做数学，以培养学生自主学习的能力为目标。此理念能够激发学生探究数学的兴趣与爱好，有助于提高学生自主学习、分析与适应能力。这不仅有利于提高学生的数学能力，还能够锻炼学生为人处世的正确方式，让学生终身受益。

（三）强调培养学生的综合素质

CDIO 理念是以课堂教学为载体，让学生体会数学课程的趣味性，让学生愉快地学习。CDIO 理念既能够提高学生的数学学习能力，还能够培养学生良好的道德意识，从根源上提高学生的团队合作能力与综合素质。

二、基于 CDIO 理念的大学数学教学模式

（一）调动学生的学习兴趣

基于 CDIO 理念，必须改变传统的教师本位教学模式，尊重学生的主体地位，引导学生积极参与教学活动。从大学数学教师角度出发，重视培养学生的非智力因素，调动学生对大学数学的学习兴趣，全面实现智力因素与非智力因素的有机融合，以便进一步培养学生良好的数学素质与数学能力。例如，在新学期初期，教师可以专门选择一定时间，为学生阐述大学数学的趣味性与必要性，并结合实例强调大学数学的实用性。在日常教学中，正确解释知识点的背景，不必强调知识点本身，从而调动学生

的学习兴趣与积极性，培养学生在大学数学中的应用与创新能力，促使学生切身感受大学数学的有效作用。

（二）增强教师的教学能力

基于 CDIO 理念，加强教师专业能力培养，确保其能够理解每位学生，关注学生的专业课程与未来发展。高校应合理安排固定的数学教师开展大学数学课程教学工作，每学期进行多次数学教师与专业课程教师的交流活动，以此明确教学重点。与此同时，适当安排数学教师进行专业讲座，以保证大学数学教学得以消解，更好地融入专业应用实例中去，使学生了解大学数学在解决专业问题中的优势作用，以此自主提高自身的数学应用能力。另外，高校也应为优秀教师开设公开课程，为其他教师提供模范榜样，而年轻教师也可以进行一对一相互辅助带动活动，以提高全体大学数学教师的 CDIO 能力与素养，确保大学数学整体教学效果。

（三）合理地调整教学内容

传统大学数学教学强调理论证明和解决问题的技巧，并不重视实践教学，从而难以激发学生的学习积极性与兴趣。因此，基于 CDIO 理念，必须调整数学教学内容，适当增加实践性内容与应用案例。在日常教学和实践教学中，合理整合专业应用实例，构建数学模型，利用 MAT 软件解决问题，使学生在实践中自主学习。根据学生的实际情况和专业课要求，科学调整大学数学教学的具体内容，扩大教学内容的深度与广度，为不同专业设置不同的数学课程结构，进一步简化数学理论的整个推理过程，加强对常规性问题解决方法的讲解，不过分强调解决问题的技巧。此外，还可以增加数学建模课程，鼓励学生积极参加竞赛，有机结合课堂教学与课外活动，提高学生的能力与专业素养。

（四）科学地创新教学方法

为了提高教学效果，应该摒弃传统教师讲解与学生听讲的教学模式，促进教学方法实现多元化。其中最为有效的教学方法主要有四种：其一，案例教学。教师为主导案例选择，结合案例提问，引导学生独立思考，提出自己的观点。在这一过程中，要合理把握具体与抽象、特殊与一般的关系，帮助学生熟练掌握与具体问题相应的解决方法。其二，模块教学。大学数学与专业课相结合，不同的专业采用与之相适应的教学模块，即基础模块、技能模块、扩展模块等。其中，基础模块应包括各专业的基本知识，技能模块应着眼于专业的应用方向，拓展模块强调知识点的升华。技能模块强调知识点的实际应用，而扩展模块则强调在应用的基础上做进一步创新。通过模块设置、学生分组、任务分配、具体实施、评价总结，促进教学活动得以有序进行。其三，网络教学。高校需要构建健全的网络教学平台，实现网上交流与师生互动，确保学习活动能够不限时间与地点地进行。其四，实验教学。实验教学可以引入大学数学教学中，通过实验解释和验证理论知识体系。在实践操作中，实验教学可以选择选修课模式，引导学生独立自主积极参与，实验教学形式可以利用数学建模或实验，通过简单的应用学科，鼓励学生自主查阅数据，分析并解决问题，还可以采用计算机与数学软件，从而提高教学效率与质量。通过实验分析，鼓励学生深入理解并应用大学数学知识。

（五）进一步健全评价体系

针对现行的以考试为导向的评价体系，应及时完善，并将教学过程评价纳入评价体系。高校必须认识到大学数学实验课注重学生实践应用能力的培养，并积极改进考试方法，采用理论考试与技能考核相结合的方法。其中，理论考试成绩占总分的70%，实验成绩和平时成绩占30%。与此同时，增加大学数学期中考试，确保学生能够理解问题，提高复习的针对性。

（六）全方位渗透建模思想

CDIO理念的核心在于鼓励学生加强实践学习，数学建模实践就是有效体现。对此，大学数学教师可以在教学中积极引进数学建模思想，引导学生通过多种教学方法，基于大学数学的实用性，以学生为主体，培养数学知识的实际应用能力，以此保证学生可以深入理解大学数学的深层内涵，展示大学数学中所涉及的方式方法，并将其作为学习工具。在教学过程中，保证学生具备数学建模能力与知识应用能力，能够运用数学知识解决实际问题，要求学生熟练掌握数据收集、数据分析、模型建立以及求解的整个过程，在实践教学基础上，构建健全的学习平台，调动学生的数学学习兴趣。例如，在教学中，可以引入学生日常生活中的常见问题，即食堂的座位问题。中午或下午就餐高峰期，食堂座位有限，不能满足就餐需求，利用数学建模可以解决这一问题。以此方式，数学建模思想便可以渗透到大学数学教学中，学生可以在实践中深入学习。

综上所述，新时期，大学数学教学面临着许多新需要和要求，同时也逐渐衍生出一系列新的问题，要求高校必须予以重视。CDIO理念能够充分调动学生的数学学习积极性，有助于提高学生的自主学习能力，并大大提高教学效率与质量。因此，严格按照CDIO教学理念，对大学数学教学现状进行详细分析，促进教学模式实现深化改革与创新发展，不仅要改革教学内容与方式，加强师资队伍建设，还要配置多元化的教学方法与健全的考核评价体系，以提高大学数学教学效率，促使学生的大学数学技能与素质得到全面提升。

第三节　基于分层教学法的大学数学教学模式

大学数学是高等教育中一门重要的基础课程，对学生的专业发展起到重要的补充作用。传统的大学数学教学模式已经不适合现代高等教育发展的需要，必须改变现有的教学模式，建立一种新型教学模式以适应现代企业用人的需求。本节主要介绍并分析大学数学现有媒体资源和学员学习状况、分层教学法在大学数学中应用的依据、大学数学分层教学实施方案、分层教学模式，并阐述基于分层教学法的大学数学教学模式构建，希望为专家和学者提供理论参考依据。

一、现有媒体资源介绍和学员学习状况分析

（一）大学数学现有媒体资源介绍

教材是教学的最基础资源，但现在大学数学教材基本都是公共内容，体现为专业服务的知识很少，也就是知识比较多，而根据专业发展的针对性不足。现在，为了学生的专业发展，大学数学教材也一直在改变，但还是有一定章节的限制，没有完全根据学生的专业发展进行有效的教学改革。大学数学是一门公共基础课，传统教学就是对学生数学知识的普及，但现代高等教育对大学数学课提出了新要求，不仅是数学知识的普及，同时要提升到为学生专业发展服务方面上来，就是在基础知识普及的过程中提升学生的专业发展，全面提高学生综合素养，培养企业需要的应用型高级技术人才。

（二）学员学习状况分析

大学数学是一门重要的基础课程，其学科本身具有一定的难度，但现在应用型本科院校学生的数学基础普遍不好，有一部分同学高考数学分数都没有达到及格标准，这会给学生学习大学数学带来一定的难度。大学的教学方法、教学模式、教学手段与高中有一定的区别，大一就学习大学数学会给学生带来一定的挑战，教师需要根据学生的实际情况、专业特点，科学有效地采用分层教学法，着重提高学生的实践技能，增强学生的创新意识，提高学生的创新能力。

二、分层教学法在大学数学中应用的依据

分层教学法有一定的理论依据，起源于美国教育家、心理学家布卢姆提出的"掌握学习"理论，这是指导分层教学法的基础理论知识，经过多年的实践，对其理论知

识的应用有一定的升华。现在很多高校在大学数学教学中采用分层教学法，高校学生来自祖国四面八方，学生的数学成绩参差不齐，分层教学法就是结合学生各方面的特点进行有效分班，科学地调整教学内容，这对提高学生学习大学数学的兴趣起到一定的作用，也能解决学生之间个性差异的问题。分层教学法可以根据学生的发展需要，采用多元化的形式进行有效分层，其目标是提高学生学习大学数学的能力，提高利用大学数学解决实际问题的能力，全面培养学生的知识应用能力，符合现代高等教育改革需要，对培养应用型高级技术人才起到保障作用。

三、大学数学分层教学实施方案

（一）分层结构

分层结构是大学数学分层教学实施效果的关键因素，必须科学合理地进行分层，结合学生学习特点及专业情况科学合理地进行分层，一般情况都根据学生的专业进行大类划分，比如综合型大学分理工与文史类等。理工类也要根据学生专业对大学数学的要求进行科学合理的分类，同一类的学生还需要结合学生的实际情况进行分班，不同层次学生的教学目标、教学内容不同，其目标都是提高学生学习大学数学的能力，提高学生数学知识的应用能力，分层结构必须考虑多方面因素，保障分层教学效果。

（二）分层教学目标

黑龙江财经学院是应用型本科院校，其大学数学分层教学目标就是以知识的应用能力为原则，通过对大学数学基础知识的学习，让学生掌握一定的基础理论知识，提高其逻辑思维能力，根据学生的专业特点，重点培养学生在专业中应用数学知识解决实际问题的能力。大学数学分层教学目标必须明确，符合现代高等教育教学改革需要，对提升学生知识的应用能力起到保障作用，同时对学生后继课程的学习起到基础作用，大学数学是很多学科的基础学科，对学生的专业知识学习起到基础保障作用，分层教学就是根据学生发展方向，有目标地整合大学数学教学内容，结合学生学习特点，采用项目教学法，对提高学生知识应用能力，分析问题、解决问题的能力起到重要作用。

（三）分层教学模式

分层教学模式是一种新型教学模式，是高等教学模式改革中常用的一种教学模式，根据需要进行分层，分层也采用多元化的分层方式，主要针对学生特点与学生发展方向进行科学有效的分层教学。每个层次的学生学习能力不同，要确定不同的教学目标、教学内容，实施不同的教学模式，其目标是全面提高学生大学数学知识的应用能力，在具体工作中，能采用数学知识解决实际问题。研究型院校与应用型院校采用的分层教学模式也不同，应用型院校一般使大学数学知识与学生专业知识进行有效融合，提高学生的知识应用能力。

（四）分层评价方式

以分层教学模式改革大学数学教学，经过实践证明是符合现代高等教育发展需要的，但检验教学成果的关键因素是教学评价，教学模式改革促进教学评价的改革。对于应用型本科院校来说，教学评价需要根据大学数学教学改革需要，进行过程考核，重视学生大学数学知识的应用能力，注重学生利用大学数学知识解决职业岗位能力的需求，取代传统的考试模式。要进行一定的理论知识考核，在具体工作过程中，将理论知识与实践知识相结合，这是大学数学分层教学模式的教学目标。

四、分层教学模式的反思

分层教学模式在高等教育教学改革中有一定的应用，但在实际应用过程中也存在一定的问题。首先，教学管理模式有待改善，分层教学打破传统的班级界限，这给学生管理带来一定的影响，必须加强学生管理，以对教学起到基本保障作用。其次，对教师素质提出了新要求，分层教学模式的实施要求教师不仅要具有丰富的大学数学理论知识，还应该具有较强的实践能力，符合现代应用型本科人才培养的需要。最后，根据教学的实际需要，选择合理的教学内容，利用先进的教学手段，提高学生学习兴趣，激发学生学习潜能，提高学生大学数学知识的实际应用能力。

总之，大学数学是高等教育的一门重要公共基础课程，在高等教育教学改革的过程中，大学数学采用分层教学模式进行教学改革是符合现代高等教育改革需要的，其能够体现大学数学为学生专业发展的服务能力，符合现代公共基础课程职能。大学数学在教学改革中采用分层教学模式，利用现代教学手段，采用多元化的教学方法，对提高学生的大学数学知识应用能力起到保障作用。

第四节　　将思政教育融入大学数学教学模式

课程思政是当前各高等院校教学改革的一个重要方向，本节从时间优势、内容优势等方面对大学数学课程开展课程思政进行可行性分析，指出大学数学开展课程思政要解决的两个关键问题：一是要让教师充分认识到课程思政的重要性和必要性；二是要根据大学数学课程的特点，深入挖掘思政元素，给出大学数学进行课程思政的途径与方法，即通过"课程导学"对学生进行思想教育，帮助学生树立学习目标，用数学概念、数学典故对学生进行爱国主义教育，引导学生学会做人做事，树立正确的人生观和价值观，用数学家的丰功伟绩激励和鞭策学生勤奋学习，立志成才。

大学数学是高等院校理工类、经管类各专业最重要的公共基础课，只有学好大学数学,才能顺利学习后续的专业课程。同时,大学数学课程也是大学理工科学生课时最长的基础课之一,因此,在课程思政中大学数学是不应该缺位的。作为大学数学教师,应积极开展课程思政教学改革。本节在课堂教学实践的基础上,分析与探索在大学数学课程中开展课程思政的有效途径与方法,将素质教育融入大学数学课堂,为实现"立德树人"这一教育目标尽一分力量。

一、大学数学开展课程思政的可行性分析

(一)大学数学进行课程思政的时间优势

大学阶段是学生世界观、价值观、个人品德、为人处世等方面形成的黄金时期,而进入大学的第一年又是这一时期的关键节点,学生刚刚脱离父母的管束,迈进大学校园,面对陌生的校园环境与人际关系、相对自由的生活方式、无人看管的学习方式、与高中完全不同的课堂氛围等,学生在心理上难免会出现不同程度的波动,甚至是焦虑和不安。再加上社会上各种思潮及诱惑潜移默化地影响着学生的人生观与价值观的形成,因此,学生的思想政治教育的最佳时机正是大学一年级。而大学数学课程恰好是大学一年级学生必修的一门重要的通识基础课,因此大学数学课程在时间节点上具有实施课程思政的优势。

另外,学生的思想政治教育,学生的世界观、价值观的形成绝非一朝一夕就能完成的事情,它需要教师长期不断地探索与实践才能收到良好的效果。而大学数学课程在大学理工科各专业的课程体系中,具有课时多、战线长、覆盖面广的特点,多数专业大学数学都需要至少学习两个学期,每周6学时的教学安排,因此,大学数学课程从时间跨度上来说也具有实施课程思政的优势。

(二)大学数学进行课程思政的内容优势

大学数学作为高等院校一门重要的公共基础课,对学生学好后续专业课程及学生的进一步深造都发挥着巨大的作用,教师和学生都极其重视。学生对知识获取的渴望,对数学课的看重,为大学数学课堂创造了良好的育人环境。另外,大学数学作为一门古老而经典的学科,拥有丰富的历史底蕴和文化资源,其中许多概念、符号、性质、公式、定理等都蕴含着广泛的思想政治教育元素,具有增强学生文化自信和民族自豪感,激发学生爱国情怀的功能。所以,从大学数学的历史发展过程来看,其具有与课程思政有机融合的优势。再者,数学学科揭示的是现实世界中的普遍规律,其中蕴含的哲学思想通常具有一定的普遍性,其对学生树立辩证唯物主义的世界观其具有积极意义。因此,大学数学课程在内容上具有开展"课程思政"的优势。

二、大学数学开展课程思政要解决的关键问题

（一）加强数学教师对课程思政的理解，消除思想误区

开展课程思政，关键在教师。由于长期以来形成的教学理念和教学习惯，部分数学教师对推行课程思政工作还存在着认识上的不足和偏差。例如，部分教师认为学生的思想政治教育是思政教师和辅导员的事情，与己无关，缺少主动性与积极性。还有一部分教师担心在课堂上开展课程思政会对正常的课程造成干扰，因此，要通过教研活动，改变数学教师对课程思政的认识。教师首先要相信课程思政在数学课程教学中对知识传授、能力培养和价值观塑造一体化的作用，要认识到思想道德建设在学生学习中的重要性，学生只有树立正确的价值观与人生观，才能认识到数学课、专业课程的重要性，才能端正学习态度，提高学习的积极性，将来才能成为德智体美劳全面发展，对国家对社会有用的人才。所以教师必须将提升学生的思想道德水平作为自己的责任使命，加强对课程思政的理解，只有数学教师充分认识到课程思政的重要性和必要性，才能重视思想政治的育人工作，努力提升自身的思想政治理论水平和思想政治教育能力，实现数学课程知识传授与价值引领有机结合，将社会主义核心价值观和为人处世的基本道理和原则融入数学教学。

（二）结合大学数学课程特点挖掘德育元素，融入课堂教学

在大学数学传统的授课方式中，教师的主要精力都放在数学理论知识的传授上，忽略了对数学概念所蕴含的诸如人生观、价值观、道德观等思政教育的传授。大学数学作为一门典型的自然科学类基础课程，蕴含着丰富广泛的思想政治教育元素，数学教师应坚持以"知识传授与价值引领"相结合的原则，在不改变原有课程体系和课程重点的基础上，深入挖掘课程的思政元素，精心设计教学内容和教学环节，将思政内容巧妙地融入数学理论知识中，充分发挥大学数学课程的育人功能。教师要结合数学课程特点，因势利导，因材施教，努力把思想政治教育元素融入大学数学课程的教学过程中，以讲故事、课堂讨论、总结汇报等多种学生喜闻乐见的形式引导和教育学生学会做人做事，树立正确的人生观和价值观，在学习数学理论知识的同时提升学生的思想政治素质。

三、大学数学课程思政实施方案

（一）通过课程导学对学生进行思想教育

每一届新生入学都会面临大学与高中之间生活、学习和思想等多方面的衔接和挑战，在高中时期，老师和家长经常给学生灌输大学学习轻松、混一混就可以毕业等错

误的观念，导致部分学生进入大学后容易松懈。因此第一堂高数课教师除了让学生了解大学数学课程的重要性、学习目标以及考核方式之外，还要抽出一部分时间对学生进行思想教育，要让学生了解大学学习对他们今后立足社会的重要性，了解大学学习的特点，帮助学生树立学习目标及远大的理想信念，嘱咐学生不要荒废宝贵的大学时光，要努力学习，提高自己的能力，这样进入社会才会有竞争力。

（二）在传授数学知识的过程中对学生进行爱国主义教育

例如，在学习"极限"概念时，向学生介绍极限的由来，让学生了解到，早在战国时代我国就有了极限的思想，只是由于历史条件的限制，没有抽象出极限的概念，但极限思想的发展中国比欧洲早 1000 多年，以此对学生进行爱国主义思想教育，让学生认识到中华民族的智慧，消除崇洋媚外的心理，以自己是炎黄子孙而骄傲，增强民族自豪感与文化自信。

同时，要让学生了解到极限概念是数学史上最"难产"的概念之一，极限定义的明确化，是"量变引起质变"的哲学观点的很好体现，是辩证法的一次胜利，也使学生逐步树立起辩证唯物主义的世界观。

（三）用数学概念、数学典故来引导和教育学生学会做人做事，树立正确的人生观和价值观

例如，在讲解"极值与最值"知识点的时候，不仅要教会学生求函数的极值与最值，同时还可以让学生感悟：大多数人的一生，本质上都是在追求极大或最大值，要想达到这个极大或最大，就不能沉迷于网络游戏，而必须付出辛勤的汗水，否则某些同学将会成为最小值。当真正理解了极值和最值的概念时，同学们就会明白，人的一生会遇到各种顺境和逆境（极大值与极小值），但只要胜不骄败不馁，就一定会取得人生的一个又一个成功。在今后的学习和生活中，当同学们取得一点点成绩时，千万不能骄傲自满，因为强中更有强中手，一山还比一山高，我们要认认真真做事，谦虚谨慎做人。当我们的生活和事业遇到挫折处于人生低谷时，也不要悲观气馁，或许这正是我们生活和事业的新起点，只要我们克服困难，努力拼搏，奋发向上，就一定会达到下一个极大值，一定会取得成功。

（四）用数学家的丰功伟绩激励和鞭策学生勤奋学习，立志成才

大学数学的主要内容是微积分，微积分创立于 17 世纪，经过很多著名数学家共同积累和总结，才有了微积分今天的成熟和完善，例如牛顿、莱布尼茨、柯西、拉格朗日、格林等数学家在大学数学教材中被多次提到。教师可以用数学家的生平事迹激励和鞭策学生努力学习，立志成才。鼓励学生要学习数学家、科学家身上那种坚持真理、勤奋执着的科学态度，珍惜现在求学的大好时光，脚踏实地、坚持不懈，学知识长本领，成为对社会对国家有用的人才。

（五）以"数学建模"为引领，培养学生团队合作、吃苦耐劳与坚持不懈的优秀品质

数学建模比赛的参赛过程是很辛苦的，三人一组，要求学生在三天之内利用数学方法去解决一个模拟的实际问题，上交一篇论文。通过组织学生参加数学建模比赛，让学生深刻体会到团队合作的重要性，培养他们吃苦耐劳与坚持不懈的优秀品质。

课程思政是一种新的教学理念，要想真正取得成效，关键在教师，教师要自觉将育人工作贯穿于教育教学全过程，但要注意课程思政不是"思政课程"，对学生的思政教育不能太刻意，不能让学生感到高数老师都变成了思政老师而引起学生的反感和抵触，要坚持数学知识传授本位不改，根据数学课程的特点，润物无声地把思想政治教育元素融入数学课程学习过程，从而达成思政教育的目的。

第五节　基于问题驱动的大学数学教学模式

任务驱动法是大学数学教学中的一种重要教学模式，能够提高学生的主体地位，激发学生的学习兴趣，促进学生的自主学习，进而提高数学水平，因此，在大学数学教学中对问题驱动模式进行应用有着重要作用。我国大学数学教学虽然有了较大发展，各类新型教学模式也不断涌现，但是受人为因素及外部客观因素的影响，依旧存在较多问题。因此，如何更好地提高高等院校数学教学质量成为教师面临的重大挑战。本节主要所做的工作就是对基于问题驱动的大学数学教学模式进行分析，提出一些建议。

随着教育事业的不断深入，我国大学数学教学有了较大进步，教学设备、教学模式不断更新，较好满足了学生的学习需求。在应用技术型这一新的高校发展理念背景下，要求教师充分激发学生的学习兴趣，营造出良好的课堂氛围，多与学生沟通交流，鼓励学生进行自主学习，以更好提高学生的数学水平。但是很多教师都只是依照传统方式进行教学，没有实时了解学生的学习兴趣及学习需求，致使学习效率低下，教学质量不高。因此，教师需对实际情况进行合理分析，对问题驱动模式进行合理应用，充分调动学生的自主性，以更好地确保教学效果。

一、问题驱动模式的优势分析

问题驱动模式以各类问题的提出为基础，注重激发学生的学习兴趣、调动学生的好奇心，与教学内容进行紧密结合，这样能够较好地提高学生的实践能力，增强学生数学学习的有效性。因此，在大学数学教学中对问题驱动模式进行应用具有较大的优势。

问题驱动模式的应用能够提高学生的主体地位。在问题驱动模式下，受好奇心的影响，学生能够自主对各类问题进行思考和分析，根据自身所学的知识来寻找解决问题的途径和方法。在获得一定成就感后，学生的学习积极性能够较好提高，进而自主探究更深层次的数学问题，满足自身的求知欲，这样较好地提高了学生的主体地位，为学生后期的高效学习准备了条件。以往在进行数学教学时，教师为传授者，学生为接受者，教师主要采用传统满堂灌的方式进行教学，在没有实时了解学生的学习情况下，对各类知识一股脑地进行讲解，学生的学习积极性和主动性较差，学习效率也较为低下，难以提高数学学习水平。问题驱动模式以学生为课堂主体，强调促进学生的自主学习、合作学习、探究学习，教师则可依据课堂实际设置不同形式和难度的问题，并加以引导，及时帮助学生解决各类问题，以更好地提高学生的数学学习能力。因此，在数学教学中对问题驱动模式进行应用能够较好地提高学生的主体地位，这样能为学生后期数学的高效学习准备条件。

问题驱动模式的应用能够提高学生的数学学习能力。在应用技术型这一新的高校发展理念背景下，对学生提出了较高要求，学生除了能学习、会学习外，还必须学会创新，能够主动学习、自主探究，这样才能更好地促进学生的全面发展，提高学生的数学水平。问题驱动法强调教授学生学习方法和学习技巧，而不只是教授学生固有的课堂知识，这就要求教师加强对学生学习能力、思维能力、实践能力的培养，站在长远的角度，以更好地帮助学生学习数学知识。学习数学知识是为了解决实际问题，完善学生的数学知识体系，而问题驱动模式的应用则帮助学生对各类数学知识进行灵活应用，构建完善的数学知识体系，进而更好地提高学生的数学学习能力，确保教学效果。

问题驱动模式的应用能够提高学生的综合素质。在问题驱动的作用下，学生能够积极进行沟通交流，就相关问题进行讨论，查找相应的资料，这样能够培养学生的创新意识、创新能力。在新课程理念背景下，学生须具备多项功能，除了一些专业技能外，还需具备其他技能，这样能够在后期数学学习中得心应手，提高学生的综合素质。随着教育事业的不断深入，学生也应对自己提出更高的要求，而在问题驱动模式的作用下，学生的学习环境得到了较好改善，教学氛围也较为活跃，这样能够促进师生、生生之间的沟通交流，培养学生的合作意识，提高学生的综合素质，这对学生步入社会能起到较好作用。

二、在大学数学教学中应用问题驱动模式的方法分析

在大学数学教学中对问题驱动模式进行应用时，教师须对实际情况进行合理分析，了解学生的学习需求、学习兴趣、学习能力，充分发挥出问题驱动模式的作用。在大学数学教学中对问题驱动模式进行应用的方法如下：

（一）创设教学情境

数学教学过程大都存在一定的枯燥性和复杂性，若学生的学习兴趣不高，难以有效融入学习环境中，将难以有效进行数学学习，从而影响教学效果。因此，教师在对问题驱动模式进行应用时，为了更好地发挥出问题驱动模式的作用，可创设相应的教学情境，以激发学生的学习兴趣，促进教学工作的顺利开展。在创设相应的教学情境时，教师需对实际情况进行合理分析，创设适宜的教学情境，并在情境中对相应的问题进行适当融入，让学生在活跃的氛围中有效解决相应的问题，以增长学生的学习经验，提高学生的学习能力。在情境模式的创建过程中，教师将问题分成多个层次，遵循循序渐进的原则，引导学生逐渐掌握各类数学规律，总结经验，完善数学知识结构，这样能够更好地帮助学生进行数学学习。例如，在学习空间中直线与平面的位置关系时，教师可先对教学内容进行合理分析，设置出不同难度的问题。之后教师可通过多媒体对空间中直线与平面的位置关系进行表现，营造出活跃的教学氛围，以激发学生的学习兴趣。然后教师可让学生带着问题进行学习，并加强引导，让学生能够自主进行学习，从难度较低的问题过渡到难度较高的问题，以更好地提高学生的数学水平。

（二）促进学生间的合作

由于学生之间存在一定的差异，所以在思考问题时考虑的方向也不同，在这种情况下，可促进学生之间的合作，优势互补，进而更好地确保教学效果。因此，教师可依据实际情况进行合理分组，鼓励学生进行合作，共同解决相应的数学问题，这样不仅能提高学生的数学水平，而且能增强学生的合作意识。例如，在对圆的方程进行学习时，教师可先对学生进行合理分组，遵循以优带差原则。之后教师可设置相应问题，鼓励学生合作解决。然后教师针对学生不懂的问题进行讲解，以更好地帮助学生进行数学学习。

（三）加强教学反思

教学反思是提高学生数学水平的重要方式，所以加强教学反思至关重要。教师须合理分配教学时间，鼓励学生进行反思，并加强引导，提出需改进的地方，以帮助学生增长学习经验。例如，在学习微分中值定理的相关证明时，教师可先让学生自主解决各类问题，并记录不懂的知识。之后教师对一些难点知识进行针对性讲解，鼓励学生做好反思。教师须加强引导，多与学生沟通交流，以提高反思效果，确保教学质量。

在大学数学教学中，由于数学知识具有一定的复杂性，一些教师又不注重与学生进行沟通和交流，致使学生的学习积极性不高，难以确保学习效果。问题驱动模式能够激发学生的学习热情，促进学生的自主学习。因此，教师可结合实际情况对问题驱动模式进行合理应用，并加强指导，及时帮助学生解决各类数学问题，以提高学生的数学水平，确保教学效果。

第三章　大学数学教学方法

第一节　大学数学中案例教学的创新方法

新时期教育对教育质量和教学方法提出了越来越高的要求，高校的教育理念不断更新，教学方法不断发展。大学数学作为高校重要的必修基础课，可以培养学生的抽象思维和逻辑思维能力。目前学生学习大学数学的积极性较低，对此，教师可以应用案例教学法，该方法灵活、高效、丰富，能充分提升学生的主观能动性和积极性，增强其分析问题和解决实际问题的能力，培养学生的创新思维，实现新时期创新人才培养目标。本节就大学数学中案例教学的创新方法展开论述。

一、大学数学案例教学的意义

案例教学是一种以案例为基础的教学方法：教师在教学中发挥设计者和激励者的作用，鼓励学生积极参与讨论。大学数学案例教学是指在实际教学过程中，将生活中的数学实例引入教学，运用具体的数学问题进行数学建模。高校大学数学教育过程的最终目标是增强学生的实践意识，提升其实践技能和开创性的应用能力。在数学教学中引入案例教学打破了以理论教学为主的传统数学教学方法，取而代之的是数学的实用性，以尊重学生自主讨论的数学教学理念为核心。

案例教学法在大学数学教育中的运用弥补了我国教师传统教学方法的不足，将数学公式和数学理论融入实际案例，使之更具现实性和具体性。让学生在这些实际案例的指导下，理解解决实际问题的数学概念和数学原理。案例研究法还可以提高大学生的创新能力和综合分析能力，使大学生很好地将学习知识融入现实生活。此外，案例研究法还可以提高教师的创新精神。教师通过个案研究获得的知识是内在的知识，能在很大程度上把"不安全感"的知识融入教育教学。它有助于教师理解教学中出现的困境，掌握对教学的分析和反思。教学情境与实际生活情境的差距大大缩小，案例的运用也能促使教师更好地理解数学理论知识。

二、大学数学案例教学的实施

案例教学法在大学数学教学中的应用，不仅需要师生之间的良好合作，而且需要有计划地进行案例教学的全过程，以及在不同实施阶段的相应教学工作。在交流知识内容之前，应该先介绍一下，并且可以深化案例，让学生更好地了解相关知识。案例深化了主要内容，使学生更好地理解讲座内容。在此基础上，引导学生将定义和句子扩展到更深层次。提前将案例材料发给学生，让学生阅读案例材料，核对材料和阅读材料，收集必要的信息，积极思考案例中问题的原因和解决办法。

案例教学的准备。案例教学的准备包括教师和学生的准备。教师根据学生的数学经验和理论知识，编写数学建模案例。在应用案例研究法时，首先，教师要概述案例研究的结构和对学生的要求，并指导学生组成一个小组；其次，学生应具备教师所具备的数学理论知识。教学案例的选择要紧密联系教学目标，尊重学生对知识的接受程度，最终为数学教学找到一个切实可行的案例。教学案例的选择和设计应考虑到这一阶段学生的数学技能、适用性、知识结构和教学目标。通常理论知识是抽象的，这些知识、概念或思想是从特定的情况中分离，并以符号或其他方式表达出来的。在应用案例教学法时，应注意教学内容和教学方法，强调数学理论内容的框架性，计算部分可由计算机代替。例如，在极限课程的教学中，应强调来源和应用的限制，而不强调极限的计算。

三、大学数学案例教学的特点

（一）鼓励独立思考，具有深刻的启发性

在教学中，教师指导学生独立思考，组织讨论和研究并做总结。这项个案研究能刺激学生的大脑，让注意力随时间调整，有利于保持最佳的精神状态。传统的教学方式阻碍了学生的积极性和主动性，而案例教学则是让学生思考和塑造自己，使教学充满生机和活力。在进行案例研究时，每个学生都必须表达自己的观点，分享这些经历。一是取长补短，提高沟通能力；二是起到激励作用，让学生主动学习，努力学习。案例教学的目的是激发学生独立思考和探索的能力，注重培养学生的独立思考能力，启发学生产生一系列分析和解决问题的思维方式。

（二）注重客观真实，提高学生实践能力

案例教学的主要特点是直观性和真实性，由于课程内容是一个具体的例子，所以它呈现一种形象、直观、生动的形式，向学生传达一种沉浸感，便于学生学习和理解。本案例所述事件均属实，案例的真实性决定了判例法的真实性。学生根据所学的知识

得出自己的结论。学生将在一个或多个具有代表性的典型事件的基础上，形成完整严谨的思维、分析、讨论、总结方式，提高学生分析问题、解决问题的能力。众所周知，知识不等于技能，知识应该转化为技能。目前，大多数大学生只学习书本知识，而忽视实践技能的培养，这阻碍了学生自身的发展，使他们将来很难进入职场。案例研究就是为这个目的而诞生和发展的。在校期间，学生可以解决和学习许多实际的社会问题，从理论转向实践，提高学生的实践技能。

大学数学案例教学运用数学知识和数学模型解决实际问题，案例教学法在大学数学教学中的应用，充分发挥了学生的主观能动性，能有效地将现实生活与大学数学知识结合起来，从而使学生在学习过程中获得更好的学习效果，提高大学数学教学质量。案例教学可以创设学习情境，激发学生学习数学的兴趣，提高学生的实践能力和综合能力，促进学生的创新思维，实现新时期培养创新人才的目标。

第二节　素质教育与大学数学教学方法

2010 年 7 月 13 日温家宝总理在《全国教育工作会议上的讲话》中指出："在人才培养过程中着力推进素质教育，培养全面发展的优秀人才和杰出人才，关键要深化课程与教学改革，创新教学观念、教学内容、教学方法，着力提高学生的学习能力、实践能力、创新能力。"这一讲话的实质就是强调将单一的应试教育教学目标转变为素质教育开放多元的教学目标，以提高学生的创新实践能力。大学数学作为普通高等农业院校的一门基础必修课程，其在课程体系中占有非常特殊而重要的地位，它所提供的数学思想、数学方法、理论知识不仅是学生学习后继课程的重要工具，也是培养学生创造能力的重要途径。这就要求大学数学教学也要更新教育观念，改革教育方法，突破传统大学数学教学模式的束缚，适应现代素质教育的要求，从而培养出具有高等数学素质的卓越农业人才。

一、改革传统的讲授法，探索适应素质教育需要的新内容和新形式

由于各方面原因的存在，目前大学数学课堂教学仍采用灌输式的传统讲授教学方法，课堂上以教师的讲解为主，主要讲概念、定理、性质、例题、习题等内容，而以学生的学习为辅，跟随教师抄笔记、套公式、背习题、考笔记。因此，学生在教学活动中的主体地位被忽视，被动地接受教师讲授的内容，完全失去了学习的积极性和主动性，无法培养学生的创新思维和创新能力，与素质教育的目标背道而驰。但由于大

学数学的知识大多是一些比较抽象难懂的内容，学生的学习难度较大，学生对大学数学的基础理论的把握以及对基本概念定理的理解离不开教师的讲解，因此讲授式的教学方法在我们的教学实践中起着相当重要的作用，这就要求我们必须肯定讲授式的教学方法在大学数学教学中的应用并对其进行必要的革新，使其符合素质教育培养目标的需要。

（一）优化教学内容，制定合理的教学大纲，为讲授法提供科学的理论体系

大学数学是我校工科类专业学生学习的一门公共基础课程，根据我校学生的生源情况及各专业学生学习的实际需求，在保持内容全面的同时，优化教学内容，对其进行适当的选择和精简，制定了符合各工科类专业需求的科学合理的教学大纲，并建立了符合素质教育要求的大学数学课程体系，力求使学生能够充分理解和系统掌握大学数学的基本理论及其应用。为此，我们将大学数学分为四类，即大学数学 A 类、大学数学 B 类、大学数学 C 类和大学数学 D 类，其总学时数分别为 90 学时、80 学时、72 学时和 70 学时，教学内容的侧重点各不相同，如此制定的教学大纲适应高等教育发展的新形势，适合我校教学实际情况，有利于提高学生的数学素质，培养学生独立的数学思维能力。

（二）运用通俗易懂的数学语言来讲授相对抽象的数学概念、定理和性质

教学过程中，学生学习大学数学的最大障碍就是对大学数学兴趣的弱化。开始学习大学数学时，大部分学生都以积极热情的态度来认真学习，但在学习的过程中，当遇到相对抽象的数学概念、定理和性质时，就会失去热情，产生挫折感，甚至有一少部分学生因此丧失学习大学数学的兴趣。因此，为了激发学生学习大学数学的兴趣，我们可以把抽象的理论用通俗易懂的语言表述出来，将复杂的问题进行简单的分析，这样学生理解起来就相对容易一些，从而使讲授获得更好的效果。

（三）利用现代化的教学手段，创新讲授法的形式

长久以来，大学数学的教学过程一直都是"一块黑板＋一支粉笔"的单一的教师讲授方式，这种教学方法使学生产生一种错觉，认为大学数学是一门枯燥乏味、抽象难懂、与现实联系不紧的无关紧要的学科，致使学生不喜欢大学数学，丧失了对数学的学习兴趣。那么如何培养学生的学习兴趣，提高学生的数学文化素养，进而提高教学质量呢？这就需要我们在不改变授课内容的前提下，运用现代化的教学手段，以多媒体教室为载体，实现现代教育技术与大学数学教学内容的有机结合，使学生获得综合感知，摆脱枯燥的课本说教，使课堂教学变得生动形象、易于接受，进而提高学生学习的主动性。

二、运用实例教学缩短大学数学理论教学与实践教学的距离

讲授法作为大学数学教学的主要方式，有其合理性和必要性。但是讲授法也有一定的弊端——容易造成理论和实践的脱节。因此，在强调讲授法的同时，必须辅之以其他教学方法来弥补其不足，以适应素质教育对大学数学人才培养目标的需要，而实例教学法就是比较理想的选择。

（一）实例教学法的基本内涵及特点

所谓实例教学法就是在教学过程中以实例为教学内容，对实例所提出的问题进行分析假设，启发学生对问题进行认真思考，并运用所学知识做出判断，进而得到答案的一种理论联系实际的教学方法。

与传统的讲授法相比，实例教学法具有自己独具一格的特点。实例教学法是一种启发、引导式的教学方法，改变了学生被动地接受教师所讲内容的状况，将知识的传播与能力培养有机地结合起来。实例教学法可以将抽象的数学理论应用到实际问题中，学生可以充分地认识到这些知识在现实生活中的运用，从而深刻理解其含义并牢固地掌握其内容，激发学生的学习兴趣，活跃课堂气氛，培养学生的创造能力和独立自主解决实际问题的能力，是一种帮助学生掌握和理解抽象理论知识的有效方法。

（二）实例教学法在大学数学教学中的应用及分析

实例教学法融入大学数学教学中的一个有效方法是在教学过程中引入与教学内容相关的简单的数学实例，这些数学实例可以来自实际生活的不同领域，通过解决这些具体问题，学生能够掌握数学理论，提高学生学习数学的兴趣和信心。

下面我们通过一个简单的实例说明如何把实例教学融入大学数学的教学之中。

实例函数的最大值最小值与房屋出租获最大收入问题。函数的最大值最小值理论的学习是比较简单的，学生也很容易理解和掌握，但它的思想和方法在现实生活中却有着广泛的应用。例如，光线传播的最短路径问题，工厂的最大利润问题，用料最省问题以及房屋出租获得最大收入问题，等等。

我们在讲到这一部分内容时，可以给出学生一个具体实例，例如，一房地产公司有 50 套公寓要出租，当月租金定为 1000 元时，公寓会全部租出去，当月租金每增加50 元时，就会多一套公寓租不出去，而租出去的公寓每月需花费 100 元的维修费，试问房租定为多少可以获得最大收入？此问题贴近我们学生的生活，能够激发学生的学习兴趣，调动学生解决问题的积极性和培养学生独立创新的能力。在教学过程中，我们首先给出学生启发和暗示，然后由学生自己来解决问题。此时学生对解决问题的积极性很高，大家在一起讨论，想办法，查资料，不但出色地解决了问题，找到了答案，而且在这一系列的活动中，学生对所学的知识有了更深入的理解和掌握，取得了事半

功倍的教学效果。可见，实例教学法在大学数学的教学中起到了举足轻重的作用。

结合素质教育的要求和高校大学生对学习大学数学的实际需要，通过多种教学方法的综合运用，多方面培养学生数学的理论水平和实践创新能力，使学生的数学素养和运用数学知识解决实际问题的能力得到整体提高，进而为国家培养出更加优秀的复合型农业人才。

第三节 职业教育大学数学教学方法

大学数学在工科的教学中有很重要的地位，然而大部分针对高职学生的大学数学教材主要还是理论性的内容，和社会生活联系并不大。非专业的学生不愿意学习大学数学，这一点比较普遍。要改变这一现状，需要大学数学教师对教学内容和教学方法进行变革，从而提高教学质量。

笔者在一所职业大学从事大学数学的教学，在教学中发现职业大学的学生数学水平参差不齐，部分学生可以说是零基础。学生主观上对大学数学有畏学情绪，客观上，大学数学难度较大，需要更严密的思维。因此，在职业大学教大学数学是一项比较难的工作。数学是所有自然科学的基础课程，是一门既抽象又复杂的学科，它培养人的逻辑思维能力，形成理性的思维模式，在工作、生活中的作用不可或缺，所以任何一名学生都不能不重视数学。作为大学数学的教师，必须迎难而上，提高学生的学习兴趣，充分地调动学生学习数学的积极性，同时适当调整学习内容，丰富教学方法。

一、根据专业调整教学内容

职业大学学生学习大学数学绝大多数不会从事专业的数学研究，而主要是为学习其他专业课程打基础并培养逻辑思维能力，因此比较复杂的计算技巧和高深的数学知识对于他们未来的工作作用并不明显。现在职业大学数学教材针对性不强，所以教师需要根据学生专业的情况对教材进行必要的取舍。对于机电专业的专科学生来说，大学数学中的微分、积分以及级数会在专业课程中得到应用，像微分方程这类在专业课中并不涉及的知识点可以省略；专业课中数学计算难度要求并不高，较复杂的计算也可以省略；另外，在教学过程中必须重视学生逻辑思维能力的训练，可以结合数学题目的求解给学生介绍常用的数学方法、数学的思维方式，以提高学生的抽象推理能力。

二、提高学生的学习兴趣

兴趣是最好的老师，数学是美的，但是数学学习往往是枯燥的，学生很难体会到这种美妙。如何提高学生对大学数学的兴趣是授课教师需要思考的问题。笔者在教学中，为了让教学更加生动，加入了一些生活中的数学应用。比如，为什么人们能精确预测几十年后的日食，却没法精确预测明天的天气？为什么人们可以通过 https 安全地浏览网页而不会被监听？为什么全球变暖的速度超过一个界限就变得不可逆了？为什么把文本节件压缩成 zip 体积会减少很多，而 mp3 文件压缩成 zip 大小却几乎不变？民生统计指标到底应该采用平均数还是中位数？当人们说两种乐器声音的音高相同而音色不同的时候到底是什么意思？……在这些例子中数学是有趣的，体现了基础、重要、深刻、美的特点。

三、培养学生自我学习能力

授人以鱼不如授人以渔，单纯教会学生某一道题目的计算不如使学生掌握解题的方法，因此讲解题目时可以结合方法论：开始解一道题的时候笔者会告诉学生这就和解决任何一个实际问题一样，首先从要观察事物开始，把数学题目观察清楚；接下来就需要分析事物，搞清楚题目的特点、有什么样的函数性质、证明的条件和结论会有什么样的联系，根据计算情况准备相应的定理和公式；最后就是解决问题，结合掌握的计算和推理技巧完成题目的求解。通过这样的讲解和必要的练习，学生完成的不再是一道道独立的数学题目，而是方法论的应用，也是更清晰的逻辑思维的训练，有助于提高学生的自我学习能力。"教是为了不教"，掌握解题方法，有自学能力，以后工作碰到实际问题也能迎刃而解。

四、重视逻辑思维的训练

不管是工作还是生活中，人们都会遇到数学问题，如果没有逻辑思维只是表面理解就有可能陷入"数学陷阱"。在教学中笔者常常举这样一个例子：有个婴儿吃了某品牌奶粉后突发急病死亡，而奶粉厂却高调坚称奶粉没有问题，你们是否有股对这个黑心奶粉厂口诛笔伐并将之搞垮的冲动呢？且慢，不妨先做道算术题：假设该奶粉对婴儿有万分之一的致死率，同时有 100 万婴儿使用这一品牌奶粉，那就应该有约 100 名孩子中招，但事实上称使用该奶粉后死亡的说法却远远没有 100 个。再假设只有这个婴儿真的是被该奶粉毒死的，那该奶粉的致死率就会低至百万分之一。再估计一个数据，一个婴儿因奶粉之外的疾病、护理不当等原因而夭折的可能性有多少？鉴于现在的医学进步，给出个超低的万分之一数据，基于以上的算术分析，答案已经揭晓了，即此婴儿死于奶粉原因的可能性是死于非奶粉可能性的 1/100，若不做深入的调查研究，仅靠吃完奶粉后死亡这个时间先后关系，来推理出孩子是被奶粉毒死的这个因果关系，从而将矛头指向奶粉厂，那就有约 99% 的可能性犯了错，因此要找到更多的证据。这是现实问题的概率学计算，在数学的教学中可以加入一些社会争议性的话题，用数学的方法和思想加以分析，揭开事件的真相，学生的逻辑思维会在其中逐步打开。

受教育是一种刚需，大学数学教育是不可缺少的，然而教学内容和教学手段不应墨守成规，要根据社会和学生的需求有所改变。大学基础数学教育所应该达成的任务应该是让一个人能够在非专业的前提下最大限度地掌握真正有用的现代数学知识，了解数学家们的工作怎样在各个层面上和社会中产生互动，以及社会在这个领域的投资得到了怎样的回报。

第四节　基于创业视角的大学数学教学方法

创业教育在教育体系中具有重要作用，能够有效促进大学生全面发展。而高数作为专业基础课程，对于学生后期专业学习和发展具有促进作用，能够一定程度上培养学生创新能力和创新精神，为培养创业人才打好基础。

随着教育环境不断变化，教育方式越来越多样化，且逐渐融入不同高校，并相应地取得一定成果。其中，创业教育影响力较高，以培养学生创业基本素养以及开创个性人才为重点，以培育创业意识、创新能力以及创新精神为主要目的。高数属于基础课程，重点培养学生发现、思考和解决问题的能力，因各门学科不断发展和进步，其创业教育不断提高其影响力。因此，基于创业背景下，如何加强高数教育改革，不断提高大学人才培养，逐渐将就业专业过渡为创业教育显得尤其重要，可有效促进高校教学改革，进而提高大学创新人才培养。

一、基于创业视角下高数教学存在的问题

高数作为专业基础课程，应用较为广泛，可为后继专业课程打好基础。但因高数知识点较为固定，易导致多数学生认为高数概念比较抽象，计算尤其复杂，且实际生活中实用性较低，进而降低学习兴趣。此外，受传统教学影响，多数教师仍以讲授法为主，导致其教学效果无法满足预定目标，对学习效率造成影响。

因多数学生高中阶段多以题海战术为主，步入大学校园后，仍对数学学科的印象是抽象的，无法理解，等等。且因数学学科的枯燥性，致使多数学生对于数学学科兴趣较低。而高数主要包含无法理解微积分、函数极限等，较为乏味。多数学生认为，高数与实际应用毫无联系，在实际生活中应用较低，长时间保持此观念，易导致对高数产生厌学情绪，进而影响学习积极性和学习效率。

现阶段，高数教学方法多以讲授法为主，就是指任课教师对教材重点进行系统化

讲解,并分析讨论疑难点,而学生则重点以练、听为主。该类教学模式重点以教师为主,全局把控教学内容以及教学进度。但由于高数课程相对复杂,且知识点具有抽象性以及枯燥性,若学生仅以听、练为主,易使多数学生无法理解,长期如此会导致教学课堂气氛比较沉闷,学生对于高数兴趣逐渐降低,进而影响教学效果。

目前,多数院校高数教学多以课件教学为主,一定程度上导致讲授内容过于形象化。加之大部分课件在制作时工作较为烦琐,要具备较高计算机操作能力和构思能力,而多数教师在课件制作时为了提高工作效率,多是照搬教材。同时,由于教学内容相对较多,而课时较少,多数教师为了赶教学进度,急于讲课,且课件翻页速度较快,导致多数学生无法充分理解便进入其他知识点,难以了解高数,进而产生消极、懈怠状态,影响教学效率和教学质量。

二、创业视角下高数教学方法探讨

在创业视角下,高数教学的主要目的是不断培养、提高学生创新实践能力以及创新精神,培养学生的创业意识、创业实践能力,改变传统教学模式,重点以学生为中心,根据学生各方面素质采取创业性教学,积极指引学生通过创新性、创业型模式提高高数学习效率,进而使高数教学具有创新性以及创业性,有效提高高数教学发展。

(一)教学设计

课程设置对学生的意识层面有基础性的影响作用,想要培育出创业型的人才就应该重视课程在学生精神方面的重要作用,着力于培养创业型人才。

(1)一年级设置"创业启蒙"课程。一年级的课程在学生的教学生涯中具有重要的意义,对学生后期的兴趣走向、方向选择具有重要的引导作用,因此要培养创业型的人才就应该从一年级的课程抓起,将目标设置为培养学生具有创业者的创业意识和创业精神。课程的设置可以根据蒂蒙斯创业教育课程的设置理念,既要注意学科知识的基础性、系统性,也不能忽视学生的人文精神的培养。在这一阶段,按照蒂蒙斯创业教育的理念,这一阶段的课程设置应该主要是通过对学生进行创业意识熏陶,进而培养学生具有创业者的品质。课程设置方面可以设置为"创业基础精品课程""数学行业深度解读课程""大学数学的创业之路"等课程,营造一种创业的气氛,培养学生的创业意识。

(2)二年级设置"创业引导"课程。二年级是一年级课程的延伸,学生经过一年级的熏陶,已经有了大概的创业意识、大学数学也能创业的印象,并学习到一定的大学数学的创业方法,按照蒂蒙斯的观念,在这一阶段应该将课程设置为"引导"课程,即将如何寻找商业机会、大学数学的创业资源、战略计划等融入课程中,让学生在接受大学数学的课程教学时还能潜移默化地接受相关的创业知识,引导学生树立创业精神。

（3）三年级设置"创业实战"课程。三年级的课程是学生最后一年的课程，在学生的学习生涯中具有重要的作用，这时的学生经过一、二年级的熏陶、引导，已经有了足够的创业的准备，这时的课程设置应该以为学生提供创业的模拟、创业实战教学为主。在这个阶段，根据蒂蒙斯的观点，应该着重让学生多进行创业的自我体验，依托各专业创业工作室，让学生体会大学数学创业的实际情况，以特色的项目为载体虚拟创业实践，培养学生的创业能力。

（二）课堂教学

（1）问题情境教学。创业性教学重要渠道在于对学生创新能力、创业能力予以培养，创新精神在创业精神中具有重要的作用，对于发现创业机会、创建创业模式具有重要的作用，因此应该重视对学生创新性精神的培养。据有关学者阐述，及时发现问题、系统阐述问题相比解答问题重要性更高。解答问题仅局限于数学、实验技能问题，但是提出新问题以及新的可能性，需要从新的角度进行思考，并且要具有创造性想象。高数属于初等数学的扩展以及延伸，其核心部分是问题，而数学问题主要就是将生活中的问题逐渐转变为数学问题。同时，高数目标是对学生进行分析问题以及解决问题能力的培养，在此条件下，能够提出问题，并且培养创新能力。因此，实际课堂教学中，任课教师应该以问题情境法予以教学，抛出问题，积极引导学生思考、解决问题，大胆创新、创造新问题并及时发现、解决问题，使其在解决问题中收获新知识。对学生进行启发式教学，能够步步引导、启发，让学生主动思考，获得新知，进而感受数学学习的快乐。通过启发式教学能够有效扩展思维能力，激发学习积极性，对学生创新能力发展具有促进作用。相比传统灌输式教学，可有效体现学生主体地位，充分调动学习积极性，逐渐使学生从被动转变为主动，这不仅能提高学习效率，又能培养创新能力。

（2）高数教学和实例有机结合。因多数高校高数教学以任课教师授课为重点，知识索然无味，易导致学生对高数失去兴趣，严重影响学习效率。但将实例案例和课堂教学相结合，能有效激发学生学习兴趣和积极性。比如，在多元函数机制和具体算法课程中，可实行实践课程，以创业、极值为课程题目，让学生根据课堂所学知识，对创业中出现的极值问题进行模拟研究。此外，通过小组的形式，让组员通过社交软件对创业项目细节进行讨论，并用于阐述自身观点和意见，最终选取适宜课题，借助实地调查等形式，根据查阅资料实行项目研究，并撰写相应论文报告，以展示研究成果。通过将高数教学与创业教育相结合，不断激发学生特长和才能，使学生可以充分认识高数，进而起到培养学生客观、理性分析问题的能力，以激发学习主动性和热情性。

（三）实践

将课程设置与创业实践结合起来，在学生有了一定的创业意识和创业能力后，学校应该开展相应的实践活动来丰富创业实战课程。通过开展"大学数学创业计划竞赛"等活动，围绕大学数学，让学生进行创业模型探索、模拟创业计划、进行市场分析、组织创业公司等。此外，学校应该重视为学生提供创业平台的重要性，为学生开办创业服务中心、产业园，组成创业实践基地，等等。

创业教育在社会发展中尤其重要，属于社会发展需求，能够有效推动人、社会发展，而大学生作为社会特殊群体，其创业教育能够有效推动学生全面发展，为大学生创业提供基础。高数作为专业基础课程，能够一定程度上为学生后续学习提供基础性支持，对教育体系具有重要意义。因此，高校教育者要提高对高数教学的重视程度，不断加深学生认知，同时，将创业教育、高数教学有机结合，便于为社会培养高质量、创新型人才。

第五节　大学数学中微积分教学方法

对很多学生而言，学习微积分显得非常深奥，很多时候百思不得其解。这就需要我们教师改革教学方法，提升学生的学习兴趣。本节先分析微积分的发展与特点，接着研究大学数学中微积分教学的现状及存在的问题，最后提出改善微积分教学的方法，意在抛砖引玉。

在大学数学中，微积分是不可或缺的教学内容之一，微积分与我们的现实生活息息相关，其中的很多知识已经被广泛应用到经济学、化学、生物学等领域中，促进科学技术迅猛发展。

一、微积分概述

从某个角度而言，微积分的发展见证了人类社会对大自然的认知过程，早在 17 世纪，就有人开始对微积分展开研究，诸如运动物体的速度、函数的极值、曲线的切线等问题一直困扰着当时的学者，在此情况下，微积分学说应运而生，这是由英国科学家牛顿和德国数学家莱布尼茨提出来的，具有里程碑式的意义。到了 19 世纪初，柯西等法国科学家经过长期探索，在微积分学说的基础上提出了极限理论，使微积分理论更加充实。可以看出，微积分的诞生是基于人们解决问题的需要，是将感性认识上升为理性认识的过程。

如今，大学数学中已经引入了微积分的内容，主要包括计算加速度、曲线斜率、函数等内容。学生掌握好微积分的内容，对他们形成数学思想和核心素养有着广泛而深远的意义。

二、大学数学中微积分教学的现状

微积分教学对学生的抽象逻辑思维提出了很高的要求。教师要根据学生的学习心理组织教学，才能收到事半功倍的教学效果，但目前来看，微积分教学现状并不尽如人意，直接影响了教学质量的有效提升。

（一）教学内容缺少针对性

在高校中，微积分教学是很多专业教学的重要基础，学好微积分，能为学生的专业学习奠定基础，这就需要教师在微积分教学中，结合学生的具体专业安排教学内容，这样可以使学生感受到微积分学习的意义与价值。但是很多教师忽视了这一点，教师在所有专业中安排的微积分教学内容都是千篇一律的，很多时候，学生学到的微积分知识是无用的，影响了教学目标的顺利完成。

（二）教学过程理论化

微积分的知识具有很大的抽象性，对学生的逻辑思维提出了很高的要求。很多学生对微积分学习存在畏惧心理，这就需要教师在教学过程中灵活应用教学方法，提升学生的学习兴趣。但从目前来看，很多教师组织微积分教学活动时，经常采取"满堂灌""一言堂"的传统教学法，教学过程侧重理论性，教师只是将关于微积分的计算方法灌输给学生，没有考虑到学生的学习基础，导致学生积累的问题越来越多，最后索性放弃这门课程的学习。

（三）教学评价不完善

一直以来，教师考查学生掌握微积分的水平，都是通过一张试卷来检验，以分数来考查学生的学习能力。这样的教学评价方式显得过于单一，试卷的考查方式仅能从某个角度反映学生的理论学习水平，无法判断出学生的学习情感和学习态度等情况。这种教学评价方式不够合理，改革势在必行。

四、大学数学中微积分教学方法的改革建议和对策

（一）改革教学内容

教学内容是开展课堂教学的重要载体。我们都知道微积分课程的知识体系比较庞大，知识点比较多，很多时候对学生的学习能力提出了严峻的挑战，所以我们教师在课堂教学中要为学生精选教学内容，结合学生的专业性质，按照当今科学技术发展水平选择合适的教学内容。目前，我们已经进入了信息技术时代，计算机软件已经得到了广泛应用，所以在教学过程中可以淡化极限、导数等运算技巧的教授，注重为学生介绍数学原理和数学背景，比如"极限"概念为什么要用"$\varepsilon\text{-}\delta$"语言阐述？"微元法"

的本质意义在哪里？诸如此类的问题，可以调动学生的好奇心，教师要用通俗易懂的语言为学生解释这类问题的背景，使学生更好地学习数学概念，降低他们的学习难度。针对微积分中的定理证明，要强调分析过程，师生一起挖掘定理的诞生过程，而不是一味强调逻辑推理的严密性，否则会增强学生的思想负担。另外，教师也可以利用几何直观图来说明数学结论的正确性，教师安排学生探索微积分基本性质的证明，让学生借助几何直观图来证明设想，这样可以培养学生的创新思维，使他们感受到自主探索的趣味性和成就感。

另外，在教授微积分基本概念时，教师要注重微积分知识的应用，为学生介绍一些合适的数学建模方法，使学生畅游在数学世界中，感受微积分的实用价值。总之，教师要结合学生的实际情况安排教学内容，这样才能事半功倍地完成教学目标。

（二）灵活应用教学方法

正所谓"教学无法，贵在得法"，改革大学数学中微积分教学的方法有很多，关键是教师要灵活应用，根据教学目标和教学内容选择合适的教学方法，案例式教学法、启发式教学法、问题式教学法都可以拿来应用。鉴于我们已经进入了信息技术时代，多媒体技术已经渗透教育领域，笔者认为，在微积分教学中应用图像化、数字化教学手段比较可行。所谓图像化教学，就是在教学过程中利用计算机合理设计数学图形，帮助学生更好地理解教学内容。事实上，我国古代数学家刘徽早就提出了"解体用图"的思想，即利用图形的分、合、移等方法对数学原理进行解释。事实证明，利用图像化教学，可以化抽象为具体，符合学生以具体形象思维为主的特点。我们教师在教学过程中要重视这种教学方法的应用，帮助学生提升空间思维能力。

微积分中有很多内容适合使用这种教学方法，比如函数微分的几何意义、积分概念和性质的论述等，都离不开图形的辅助。迅速绘制所求积分的积分区域是一个基础步骤，我们可以借助计算机完成这样的操作。笔者在教学过程中一直有意识地引入计算机教学，使微积分的教学内容变得动态化和数字化，比如在讲解"泰勒定理"时，笔者利用计算机直接给出一些具体函数的图像以及此函数在某一点的 n 阶展开式的图像，并让学生进行比较。有了计算机的辅助，学生可以清晰明了地看到在 0 点附近，随后展开阶数的增加，展开式的图像更接近函数的图像。

除了计算机教学法，我们还可以引入讨论式教学法。学生的个性各有不同，他们对微积分也有各自的理解，教师可以将学生分为几个小组，让他们根据某道微积分题目进行讨论，学生在讨论过程中会发生思维的膨胀，每个人都发表见解，问题在无形中就得到了解决。比如在讲授"对称区域上的二重积分的计算"这部分内容时，笔者为学生安排的问题是"奇偶函数在对称区间上的定积分有什么特性？怎样证明？"笔者让学生以小组为单位，针对这个问题进行自由讨论，学生纷纷开动脑筋，挖掘知识的本质，找到解决问题的方法。这样的教学过程还能在潜移默化中培养学生的合作精神。

（三）优化教学评价

学生的学习过程是一个自我体验的过程，每个学生都有自己的个性，他们的内心世界丰富多彩，内在感受也不尽相同，所以教师不能用一刀切的方式来评价学生，而应该将过程性评价与终结性评价有机结合在一起，重在对学生的学习过程进行考查和判断。教师要结合学生的现实情况，为学生建立成长档案，因为微积分学习确实有一定的难度，教师要肯定学生的进步，给予学生及时的表扬，以此激发学生的学习成就感。教师可以将学生的出勤、回答问题的表现都纳入评价范围中，考查学生掌握基础知识的情况，还可以给学生提供一些数学建模题，考查学生利用理论知识解决实际问题的能力。除了教师评价，还要加入学生自评和学生互评，让学生评价自己学习微积分的能力、情况与困惑，这样可以让学生更好地定位自我，发现自己在学习中存在的问题，进而查缺补漏，更有针对性地学习微积分。

课堂教学是一门综合性艺术，大学数学中的微积分教学具有一定的难度，知识比较深奥，教师要想使学生学好这部分内容，必须灵活应用教学方法，重视教学评价，使学生能不断总结、不断完善，并学会用微积分知识解决现实中的问题，为未来的学习奠定扎实的基础。

第四章 数学文化与大学数学教学

第一节 文化观视角下高校高等数学教育

近年来，我国教育体制改革深入实施，各所高校逐渐增加对高等数学教学的重视度。数学文化作为人类文明的重要构成，是高等教育和人文思想的整合。高校要想提升高数教学质量，应注重数学文化的渗透，并深度掌握数学文化的特征。本节通过分析文化观视角下高校高等数学教育价值，以及数学文化特征，探索高校高等数学教育面临的困境，最终提出相关应对措施，以期为高校高等数学教育提供参考。

数学文化在数学教育持续发展中逐渐形成，伴随时代变化，数学文化也在持续更新。文化观视角下，高等数学教育不但蕴含数学精神、数学方法等，还包含高数和社会领域的联系，以及与其他文化间的关系。简而言之，文化观即应用数学视角分析与解决问题。利用文化观视角处理高数问题，有利于学生深入理解与学习高数知识。同时，由于数学文化蕴含丰富的内涵以及趣味性的高数内容，有助于调动学生对高数学习的热情。因此，在高数教育中，教师应适当渗透数学文化观，引导学生应用文化观视角解析高数问题，使学生全面理解高数，并应用高数知识处理问题。

一、文化观视角下高校高等数学教育价值

（一）调动学生对高数的学习热情

文化观视角下，高等数学教育应适当增加文化内容教学。数学文化区别于传统的直接传授抽象、较难理解的高数知识，相对灵活，丰富性以及趣味性较强。高等院校中，高数作为多数专业的基础学科，其理论知识对于部分大学生而言，较为抽象难懂。要想使学生深入理解高数知识，需要高数教师在课堂中应用案例教学方式，通过列举实际例子辅助知识讲解。单纯地讲授高数理论，学生对其兴趣较低。因此，渗透数学文化，有助于引导学生了解高数知识，调动学生的学习热情。

（二）促使学生充分认知数学美

文化观视角下，高校高等数学教育有助于推动大学生充分认知数学美。文化具有丰富多彩的艺术美感的特征。文化内涵需要学生与教师经过长期探索，感知其含义。数学文化沉淀了多年来相关学者对数学的探索与研究，其中蕴含的任何一个内容均有其存在的特殊价值与意义。在了解文化内涵的过程中，可以深刻感知到其趣味性及数学美。高数并非单纯的数字构成的理论知识，高数具备自身独特的艺术美感，并存在一定规律。

二、数学文化特征

（一）数学文化具有统一性特征

数学文化作为传播人类思维的方式，具有其特殊的语言。自然科学中，尤其是理论学中，多数科学理论均应用数学语言准确、精练地阐述。比如，James Clerk Maxwell 提出的电磁理论，以及 Albert Einstein 的相对论等。新时代下，数学语言是人类语言的高级形态，也是人们沟通与储存信息的主要方法，并逐渐成为科学领域的通用符号。除此之外，高数知识自身逾越地域及民族限制。数学文化作为人类智慧结晶，伴随社会进步，数学文化统一性特征在日后会在各个领域凸显。

（二）数学文化具有民族性特征

数学文化是人类文化中蕴含的重要内容，存在于各个民族文化中，也彰显出数学文化民族性的特征。同时，数学文化受传统文化、地区政治以及社会进步等因素的影响。民族所在地区、习俗、经济以及语言等内容的差异，产生的数学文化也不同。例如，古希腊数学与我国传统数学均有璀璨的成就，但其差异性也较大。相关学者指出，若某一地区缺乏先进的数学文化，其地区注定要败落。同时，不了解数学文化的民族，也面临败落的困境。

（三）数学文化具有可塑性特征

相较其他文化，数学文化的传承与发展，主要路径是高校高数教育，高数教学对文化的发展具有十分重要的作用。数学知识渗透在各个领域中，要想促进科技、文化以及经济等的进步与发展，数学是实现这一目标的有效途径。数学自身具备的特征，决定其文化中蕴含知识的可持续性以及稳定性。因此，教育工作者可通过革新高数教育体系，渗透和影响数学文化。数学作为一种理性思维，对人类思想、道德以及社会发展均具有一定影响。从某种意义上而言，数学文化具有可塑性特征。

三、高校高等数学教育面临的困境

（一）教学理念相对落后

高等数学的特征主要呈现在由常量数学转向变量数学，由静态图形学习转向动态图形学习，由平面图形学习转向空间立体图形学习。在文化观视角下，部分高数教师仍采用传统教学理念。在高数课堂中，教师并未将数学文化与高数教学有机结合，教学理念也相对滞后，对文化观背景下的高数内涵认知较为局限。例如，在空间立体图形相关知识学习时，教师利用多媒体将图形呈现给学生，用多媒体替代黑板加粉笔的组合。但这一方式多以高数教师为中心，多媒体用于辅助教师讲授知识。教师往往忽视学生学习方法对数学文化的渗透也相对不足。

（二）缺乏创新教学模式认知

高数学科具有其独有的特征，数学逻辑严密、内容丰富。但是，文化观视角下，高数教学面临创新性不足的难题。一方面，高数教学中无法体现文化观内容。数学课堂作为评价教学质量的主要途径，传统教学模式中，部分教师过于注重数学公式、解题技巧以及概念的讲解，忽视与学生间的互动交流，学生实践解题机会较少，难以检测自身高数知识的掌握程度。另一方面，课堂进度难以控制。部分教师虽在课堂中渗透数学文化，但往往将数学知识全部展示给学生，导致课堂进度较难控制。

（三）评价体系缺乏合理性

近几年，我国高校针对高等数学的教学评价还未完善，缺乏合理性评价机制较易导致功利行为。由于高等数学作为基础性工具学科，其价值往往被学生忽视。多数大学生较为注重自身专业课的学习，对相对抽象且难以理解的高数学科重视度不足，缺乏对高数学习的积极性。因此，学生在课堂中与教师互动不足，导致教学评价内容相对单一。部分院校将高数课堂中教师是否渗透数学文化作为评定教学质量的主要指标。除此之外，文化观视角下，高数教师评价学生时，往往停留在评定学生成绩的层面上，忽视高数课堂中学生呈现出的数学能力以及高数知识结构，导致多数学生对高数教学评价结果不认同。这一缺乏合理性的评价体系，对高数教师教育积极性、学生学习高数主动性均产生反向影响，对高数教学质量的提升造成阻碍。

四、文化观视角下高校高等数学教育的有效策略

（一）重视高数与其他学科间交流

高数不是单一的学科，作为基础性工具学科，高数与其他专业均有紧密联系，例如，化学专业、软件技术专业等。并且，多数专业的学习均以高数作为基础。高数学习十

分重要，要想使学生充分认知到其重要性，高数教师应增加高数与其他专业间的交流。在讲授高数理论的同时，引导学生学习其他专业知识，促进学生深度了解数学的应用范围。通过这一方式，使学生认知到学习高数的价值，有助于调动学生自觉学习高数的动力。

（二）革新教学理念

革新教学理念，提升高数教师综合素养。高校应呼吁教师群体通过调研、探讨等方式，逐渐确立文化观视角下高数教学理念，并将其实践到高等数学教育中。在这一基础上，高校相关部门应倡导、推广、践行新型高数教学理念，促进院校高数教学迈向数学文化的方向。此外，高校高数教师应深刻认识到，单纯凭借教材知识的讲解，难以调动大学生对高数的求知欲。然而，丰富、趣味性的数学文化可以吸引当代大学生的关注度。因此，高数教师不但应将教材中蕴含的高数知识讲授给学生，还应在教学中渗透数学文化、革新教学理念，使大学生在丰富有趣的数学文化中，深入理解与学习高数知识，实现高数教学目标，促进学生数学能力的提升。

（三）创新教学模式

高校高等数学课堂中，传统依赖教师讲解知识、学生听讲以及练习数学习题的教学模式，已经无法满足大学生发展要求。由于高数知识相对抽象，传统的教学方式难以使学生深入理解。同时，大学生历经小学、初中以及高中等阶段的数学学习，在高数学习阶段，已经了解相对完整的数学体系。因此，教师在高数教学中，应增加引导学生学习的教育环节，使学生可以将自身所学的高数知识熟练应用到生活中，并具备解决实际问题的能力。文化观视角下，教师应将高数知识和实际问题有机融合，在实践中培养学生逻辑思维以及分析问题的才能。高数教师应为学生提供充足的实践机会，引导学生利用高数理论解决实际问题。在这一过程中，教师应起到辅助及引导作用。这一教学模式不但可以培育学生对高数的热情，强化学生综合能力，还能使学生切实认知学习高数的价值及意义，并在解决问题后有一定的成就感。

综上所述，高校高等数学教育中，部分教师还未深刻认识到数学文化的重要性及其价值，对文化观的重视程度相对较低。但伴随高数教育的革新与发展，多数教师逐渐意识到高数课堂渗透文化观的重要性，并践行到高数教学中。伴随教师综合素养的持续提升，在高数教育中结合数学文化，有助于使学生逐渐增加对高数的兴趣，激发学生的求知欲，进而优化高数教学质量，促进高校教育事业以及大学生共同发展进步。

第二节　数学文化在大学数学教学中的重要性

　　数学文化在大学数学中占有重要的地位，如何更好地在大学数学教学中融入数学文化是当前面临的难题。本节首先浅析数学文化在大学数学教学中的内涵和重要性，其次详细分析数学文化在大学数学教学中的具体应用。

　　数学是社会进步的产物，推动社会的发展。数学文化融入课堂改变传统的教学方式，结合学生在课堂中的实际情况引进新的教学方式，以便更好地提高学生的学习兴趣，充分发挥学生的主体作用，培养学生的逻辑思维。教师通过不断创新教学方式，提高课堂教学水平，确保教学质量。将数学文化应用在大学数学课堂中，可以更好地提高教学理念，激发学生学习数学的兴趣。

一、数学文化在大学数学教学中的内涵与重要性

（一）数学文化的基本内涵

　　不同的民族有不同的文化，所以有属于文化的数学。中国的传统数学和古希腊数学都有辉煌的成就和价值，但是两者存在明显的差异。数学文化主要是通过孤立主义出现的，其内涵十分丰富。数学是一种文化现象，是人们的生活常识。数学文化作为一个单独的板块，如果过度形式化，会让人们错误地理解数学只是天才想象的创造物。数学的发展不需要社会的推动，数学存在的真理也不需实践。

（二）数学文化的重要性

　　数学文化在大学数学中的重要性主要包括两方面：①提高学生的学习兴趣。数学教师在课堂中可以结合数学文化进行教学，提高学生对数学的学习兴趣，从而提高课堂教学质量。在课堂中运用不同的教学方法，不仅能够激发学生的学习兴趣，还能够提高教学质量。结合实际课堂背景，教师可以通过多媒体方式进行教学。多媒体功能齐全，可以展示数学文化的视频、图画，吸引学生的注意力，从而使数学课堂变得更加丰富生动。教师在教学的过程中，应该脱离书本知识，结合实践培养学生的逻辑思维能力。②培养学生的创新能力。教师是课堂中的引导者，学生是主体，教师要与学生建立良好的关系，平等交流。大学期间是培养学生逻辑思维能力的关键阶段，在数学课堂教学中融入数学文化，对培养大学生的逻辑思维创新能力尤为重要。数学教师可以制定具体的教学目标，在制定教学方案时要从学生的实际情况出发，这样才能够在教学的过程中充分地发挥数学文化的作用。

二、数学文化在大学数学教学中的具体应用

（一）改变传统教学理念

在大学阶段学习数学，教师不单向学生传授课本知识，同时还要结合数学文化，让学生认识数学发展的历程，提高学生学习数学的兴趣。通过在课堂上学习数学知识，学生在掌握数学知识的同时，还了解了数学文化。比如：伟大的数学家阿基米德，在数学领域具有突出贡献，他的很多手稿保留至今。很多数学家把阿基米德的原著手稿翻译成现代的几何。利用阿基米德的数学成就潜移默化地让学生认识数学，可以提高学生的数学知识。

（二）丰富课堂内容

大学教师在开展实践活动时，要结合学生的实际情况制定具体方案。选择最优质的数学内容，丰富课堂教学内容，丰富数学文化的基本内涵。数学教师在课堂中结合数学文化，在课堂中适当结合数学历史，讲授数学的发展历程，同时结合数学的演变进行考查，进行总结评价。课堂中融入数学文化，首先应该让学生知道数学是一门专研科目，运用推理法和判断法可以解决数学问题等。当前教学的改革越来越重视学生的成绩，关注学生的发展，所以需要教师提高教育水平、创新课堂教学方法、具备高效的数学课堂教学理念。比如学校可以组织关于数独、填色游戏等一系列数学实践活动，学生在活动中培养逻辑思维能力，同时激发对数学的兴趣。

（三）强化数学史的教育

大学数学教师在课堂中应该加强数学史的教育，丰富数学文化。例如可以介绍以华人命名的数学科研成果、中国的数学成就、数学十大公式以及著名的数学大奖等等有关数学的知识。这种传授方式能够让学生从宏观的角度了解数学的发展历程，同时对数学历史进行研究，还可以了解中外数学家的成就和重要的品格。最重要的是通过了解数学的发展历程，探究数学家的思想，可以帮助学生掌握数学发展的内在规律，对数学的进展进行指导，从而预见数学的未来。

（四）了解数学与其他学科之间存在的联系

教师在课堂中要引导学生了解数学与其他学科存在的联系，可以在课堂中介绍物理学、天文学等重大发现都与数学息息相关。牛顿力学和爱因斯坦的相对论、量子力学的诞生等重要的研究成果都是以数学为基础。现代许多高科技的本质就是运用数学技术进行研究的，例如，指纹的存储、飞行器模拟以及金融风险分析等。当今数学不仅是通过其他学科进行技术研究，而且直接应用在各个技术领域中。

综上所述，数学不仅是一种文化语言，也是思考的工具。将数学文化应用在大学

数学课堂中，可以提升学生独立学习的能力。学生在独立学习的过程中，找到学习的方法。教师通过课堂检测发现学生存在的问题，进一步引导学生探索正确的学习方法。因此，数学教师要对数学进行不断的探究和发现，充分发挥数学文化在大学数学中的作用，吸引更多学生学习数学，进而创造更多的数学文化价值。

第三节 大学数学教学中数学文化的有效融入

数学是一门十分有魅力的学科，学习数学对大学生来说意义重大。数学不仅仅是学习科学技术的基础，还和生活有紧密的联系。本节笔者从数学文化的重要意义与作用出发，探究大学数学教学中融入数学文化的有效路径。

高等数学教育是大学教育课程体系中的重要组成部分，数学教育不仅仅是一门单独的学科，而且与其他学科也有极大的关联性，尤其是理工科学习。数学文化一方面可以增强学生学习数学的兴趣和增强学生对数学的理解，帮助学生提高数学成绩，另一方面也能够帮助学生感受数学与社会之间、数学与生活之间、数学与其他文化之间的紧密联系。这对于学生理解和学习数学，把数学融入其他的知识体系有十分重要的意义。但是，目前一些院校并没有将数学文化的教育纳入数学教学课程体系之中，对数学文化教育的重视程度还不够，没有充分理解到数学文化对数学学习的重要意义，师资力量不够强，评价制度不够完善。有鉴于此，笔者探索将数学文化融入大学数学教学的路径。

一、加强师资队伍建设

在大学数学教学中融入数学文化是需要教师资源的有力保障才能够完成的工作。没有优质的教师，在大学数学教学中融入数学文化这项工作就不可能得到很好的推进。进行教学工作的教师是决定教育成果好坏的根本力量，因此，必须加强师资队伍建设。一是增强大学数学教师的专业知识。大学数学教师在数学文化融入大学数学教学中起到引导作用，他们本身的数学文化基础和对数学文化的理解、掌握程度对在大学数学教学中融入数学文化具有根本性的影响。大学数学教师应当对数学史有深入的学习，准确把握数学史的发展、数学文化和数学思想；准确掌握数学语言，能够运用数学语言让大学生感受到数学文化的魅力。在教授过程中，大学教师要增强自己对数学与社会关系的认识。数学不是一门孤立的学科，其与社会具有很强的关联性，可以说，在社会的方方面面，在每个人的工作与生活中，都要运用数学知识解决一些问题。教师在教学中要很好地将数学文化与数学教学结合起来。二是增强教师的职业道德。大学教师不仅是知识的传授者，更是学生道德品质的楷模。教师在进行大学教学时，要以严谨的作风和扎实的行为开展大学数学教育工作。教师的职业道德素养决定着教育的好坏程度，影响着教学成果。就数学文化融入数学教学这项工作而言，教师的工作作风和道德品质有着极其重要的影响。三是为大学教师提供良好的生活保障。建立专业的大学教师队伍对发展数学文化融入数学教学中有十分重要的意义。只有当教师的生活得到了基本保障，才可能全身心地投入数学教学中，才能创新工作方法，将数学文化引入数学的教学中，增强教学效果和提高教学质量。

二、与时俱进，转变教学思想

在大学数学教学中，思想影响着教学效果。目前一些大学教师对数学文化融入数学教学的认识不够充分，没有完全认识到数学文化融入数学教学中的重要意义。数学文化可以加深学生对数学的理解认识，增强学习数学的兴趣，对数学教育可以起到事半功倍的效果，然而在实际的教学中，一些教师并没有将数学文化融入数学教育教学中。在教学中，他们仅仅将数学的解题方法和枯燥的数学公式作为数学教学的重要内容。首先，教师应该认识到数学文化对于数学教学的重要意义。大学教师应该认识到数学教育是大学教育中的一部分。数学不仅仅是一门学术型教育，而且是一项人文教育。将数学文化融入大学数学教育中，能够增强学生的人文气息，让学生在学习数学的同时融入社会、融入生活，将数学知识融入其他各项知识之中。其次，学校要营造数学文化的氛围。数学文化的氛围营造对将数学文化融入大学数学教育有极其重要的作用。学校可以在公共部位张贴数学文化的宣传海报，组织数学文化的宣讲会，让学生充分认识到数学文化的重要意义，在校园内营造数学文化的传播氛围。最后，学生要转变思想。学生是学习数学的主体，他们的思想得不到转变，数学教育的效果就不会有显著提升。教师在进行数学教育时，要教育学生的思想，提高学生的思想认识，让学生充分认识到数学文化也是数学教育中的重要内容；在教学中引导学生自主学习数学文化的兴趣和能力，让学生感受到学习数学文化的重要性。

三、完善数学文化的教学体系

在教学中融入数学文化的教育内容，需要不断完善数学文化的教学体系。从数学教学的整体出发，将数学文化内容融入整个数学教学的体系中，对促进数学文化融入数学教学有十分重要的作用。首先，将数学文化思维融入数学教学体系中。数学思维是数学文化的重要组成部分，数学教学意义在于让学生用数学的思维思考问题。数学思维是严谨的思维、科学的思维。擅用数学思维，巧用数学思维，对学生学习数学有重要的促进作用。在数学教学中，将数学思维教育作为主要教学内容是推动数学文化融入数学教学的一部分。其次，将数学语言作为重要的数学文化内容融入数学教育中。数学语言也是数学文化中重要的内容，主要由符号和抽象的数学概念组成。运用数学语言能够准确地表达数学的思想、数学的思维方式和数学的思维过程。语言是文化传播的载体，在数学方面也不例外，数学语言是数学文化传播的主要载体。在大学数学教学中融入数学文化一定要学会用数学语言这一重要工具，擅用数学语言传播数学文化，对促进数学文化在大学数学教学的融入有重要作用。最后，重视大学数学文化课程体系建设。大学课程虽然已经有完善的课程体系，但是并没有将数学文化的教学内容，科学地纳入教学体系之中，并没有单独的数学文化教学课程。在实践教学中，应当将数学文化作为一门重要的课程，对学生进行单独的教学，增强学生对数学文化课程的重视程度。

四、建立数学文化教育的考核评价体系

考核评价是检验数学文化教学的重要抓手，建立数学文化教育的考核评价体系有利于推动数学文化融入数学教学之中。一是推动数学文化融入数学教育的教师考核评价。数学文化融入教育教学的具体工作成绩作为数学教师绩效考核的重要指标。考核大学数学教师在进行数学教育的过程中是否将数学文化融入数学教育中，有没有让学生感受到数学文化的魅力、体会到数学文化的精髓。应对在这方面做得较好的教师给予宣传和奖励，以激励其他教师。在数学教学中融入数学文化的内容，将表现较好的教师的教学方法广泛地进行宣传和推广，扩大影响范围。将好的教学方法传授给其他的教师，增强数学文化融入数学教学中的实际影响力。对于在这方面做得较差的教师，给予批评和指导来帮助他们将数学文化融入数学教学中。二是建立学生的数学文化考核评价制度。在对学生进行课程考核时，将数学文化的学习成果作为考核指标之一，这样可以增加学生对数学文化学习的重视程度和学习的主动性。单纯将数学计算的考核成绩作为评价指标不利于全面地评价学生数学学习情况的好坏。将数学文化的学习情况作为学生数学学习成绩好坏的评价指标之一，对于全面评价学生的数学学习情况有十分重要的意义。对于一些在数学文化学习上取得成绩的学生应给予奖励，激励他们在今后的数学学习中发挥优势，注重数学文化的学习，并将其作为学习的榜样。

第四节　数学文化提高大学数学教学的育人功效

将数学文化渗透到大学数学教学中具有重要意义，其能够培养大学生的数学文化素质。本节对数学文化进行了简要阐述，研究了数学文化在大学数学教学中形成的育

人功效，并在最后阐述了在大学数学教学中渗透数学文化的方法。

随着数学文化思想的不断渗透，人们对数学教学工作也更为重视，特别是大学生的数学素质在当今教育发展中具有重要意义，所以，加强数学文化的教学实践过程，不仅能够使学生在数学学习中感受到文化，还能形成不同的文化品位，从而促进数学教育与数学文化的综合性发展。

我国数学在教育领域发挥主导力量，学生一般会认为数学是一种符号，或者是一个公式，它能够利用合适的逻辑方法计算，得出正确的答案。在 1972 年，数学文化与数学教学作为一种研究领域出现，并象征着传统的知识教育转变为素质教育。所以，在大学数学教学中，要利用传统的教学方法提高学生的素质能力。

在传统的文化素质教育中，主要培养学生的人文素养，并提高学生在自然科学中的科学素质以及文化素质。数学教学不仅仅是一种文化教学，也是一种科学思维方式的培养过程。所以，在数学教学中，在学生形成一定认知的情况下，对学生的成长以及生命的潜在需求进行关注，将学生的知识思维转移到价值发展思维上去，并形成一种动态性教学形式，在这种情况下，不仅能够使学生在课堂教学中形成全面认识，还能促进学生在认知、合作以及交往等能力方面的相互协调与发展。

当前，在数学课堂中主要对数学中的定理与公式更为关注，但这并不是数学的本身。在课堂教学中，都是经过习题训练的方式才能掌握数学知识的真实信息，要促进该方式的优化与改善，就要将数学文化渗透其中，并促进数学理念与数学模式的创新发展，然后将数学文化与一些抽象知识联合在一起，以保证数学课堂具有较大的灵活性。而且，根据对数学思想的深度研究，学生的创造意识以及理性思维精神也得到积极培养。其中，数学中形成的理性知识是在其他学科中无法实现的，它是数学中一种特殊精神，因此，在数学教学中，不仅要重视相关理论知识的传输，还要重视育人培养，使学生认识到数学文化的重要性，激发学生的学习兴趣与学习热情。数学中的教与学是一种互动过程，它能够让学生在其中积极探讨，并改变传统的教学方式，所以说，利用数学文化不仅激发了学生的积极性与主动性，促进学生形成良好的创新精神，还使学生更热爱数学，合理掌握数学知识，以提高自身的科学文化素质。

一、数学文化应用到大学数学教学中形成的育人功效

（一）执着信念

将数学文化渗透到大学数学教学中能够使学生形成执着的信念。信念是认知、情感以及意志的统一，人们在思想上能够形成一种坚定不移的精神状态。大学生如果存在这种信念，不仅能够在人生道路上找到明确的发展目标，为其提供强大的前进动力，还能形成较高的精神境界。信念也是一种内在表现，主要包括人生观、价值观等，而

存在的外在表现更是一种坚定行为。所以，大学生在人生的道路中要确立目标，就要将信念作为一种动力。我国在当今发展背景下，已经将国家发展落实到青年中去，在这种发展情况下，大学生更要加强自身信念，并形成正确的人生价值观，这才是教育工作者在发展过程中要思考的内容。当前，大学生的思想政治都是积极向上的，面对现代较为激烈的竞争社会，一些大学生也存在政治信仰盲从现象，形成的信念比较模糊，产生一些社会责任问题。所以，在大学数学教学中，将数学文化渗透其中，不仅能够对大学生的人生价值观进行积极引导，还能在我国理想价值观中起到积极作用。例如，在大学数学微积分课程中就存在一些育人功效，它不仅能够阐述出数学发展的历史，使学生感受到数学家的独特魅力，还能从知识中获取更多鼓励，并增强自己的学习信念。

（二）优良品德

在大学教学中，学生不仅要具备完善的科学技术文化，还要形成较高的思想道德品质。在大学数学教学过程中，也要形成一些优良品德。所以，将数学文化贯彻到大学数学教学中，能够将一些育人功效完全体现出来。在其中，教师就要适时转变，不断调整，以使学生能够适应大学生活。很多学生在高中阶段都向往着大学的自由，但大学生活与学生的想象存在较大差异，这时候，他们会比较失落、沮丧。所以，应对大学生的生活进行及时调整。例如，在微积分课程中，针对一个问题，要求学生利用多种思维、学会变通，保证能够在解决问题期间随机应变。还要将数学真理作为主要依据，并学会创新，从而使学生形成正确的人生观与价值观。将数学文化渗透到大学数学教学中，能够培养大学生善于发现问题、随机应变的解题能力，学会创新，促进学生的全面发展。

（三）丰富知识

将数学文化渗透到大学数学教学中去，能够使学生掌握到丰富的知识。因为在大学数学学习中，学生不仅要具有较强的专业知识，还要形成广阔视野。大学数学是高校中主要开设的一门必修课程，能够提高学生的数学能力。但在实际学习期间，不仅要将传授知识与训练能力积极配合，还要不断挖掘课程中的相关素材，以保证数学文化、数学历史以及数学知识等得到充分体现。数学家研究出的数学真理都是经过实践验证的，学生在该形式下，不仅能够养成敢于挑战的精神，还能把相关思想应用到其他科目上去，从而实现一定的育人效果。

（四）过硬本领

将数学文化渗透到大学数学中去，能够培养学生的过硬本领。随着我国数学历史文化的深远发展，人们在生产与生活中都需要数学知识，在新时期，数学在科学技术、生产发展中发挥巨大作用，并在各个领域中得到充分利用。其中，微观经济学中就需要函数、微积分等知识，能够利用数学手段解决社会与市场上面对的问题。例如，万有引力定律、狭义相对论以及方程形式等都是利用数学知识得来的，所以说，数学在其中扮演着较为重要的角色。将数学文化渗透到大学数学教学中，还能提高学生的数学素养。文化是人们在社会与历史发展中创造的物质财富以及精神财富，它不仅是一种价值取向，也能对人们的行动进行规范。数学文化的形成存在较高的文化教育理念，能够对存在的问题进行分析解决。因此，根据文化发展实际，使学生在数学学习中感受到数学文化与社会文化之间的关系，以使学生的数学文化素养得到积极提高，保证创新人才、高素质人才的培养目标积极达成。

二、渗透数学文化提高大学数学教学功效的对策

（一）转变数学教学观念

在大学数学教学中，要转变传统的思想观念，保证在实际的数学教学中形成数学文化。数学观的形成在教学中存在着较为客观的影响，数学教师的思想观念直接影响着学生对数学知识的掌握，如果形成不合适以及消极的数学观念、数学教学方法，学生的思维发展产生的影响也是负面的。为了增强认识，并在思维方式上形成积极性以及完美的追求，就要体现出逻辑与直观、分析与构成、一般与个性的要素研究。只有共同的发展力量才能实现数学的本身价值，因为数学并不是表面上一种简单的知识总和，人们主要将其看作一种创造性活动。所以说，数学观念具有多种特点，其中也包括多种数学教育方法。随着现代科技文化与现代形态的形成，它们都是在数学思想上发展起来的，所以，数学教育者应改变传统的、单一的数学观念，并促进教学符合当代的发展需求。数学体系也是一种逻辑体系，在对其创造过程中需要猜测、推理等，不仅要在大学数学教学中体现出理性精神，还要将社会文化作为依据，促进人文价值的实现。在大学数学教学过程中，要促进数学理性精神与文化素质的结合发展，根据数学思想的积极引导，教师不仅能够利用有效方法促进自身传授的有效性，还能保证数学思想得到合理渗透。

（二）联系文化背景

结合文化背景，促进大学数学教学课堂的优化。因为大学数学中的教学内容具有较高的抽象化特点，在高考教学目标的积极引导下，学生认为数学学习是为了考试，所以，为了提前使学生形成正确的学习思想，教师就应根据文化背景进行分析。目前，大学数学课程中的相关知识都比较陈旧，在西方，他们认为数学中的一些知识都要利用逻辑方法进行证明，所以在人们的思想中形成一种思维体系。从古希腊时代至今，数学在自然发展及社会进步中都起着较大作用，根据我国发展的具体情况以及古代的一些数学思想，它成为一种实用技术。我国数学文化中缺乏一种理性精神以及科学精

神，并没有形成一种理性哲学规律，我国也没有形成一种与自然、与社会等因素相关的数学精神，并将数学作为社会发展中的一种工具。在这种背景下，要求学生不仅要接受西方的理性主义，还要对我国的传统文化形成认知，并打破自身的思维局限，将数学文化作为主要的发展背景，以实现数学的文化价值及产生正确的理性数学精神。

（三）加强思想方法

在数学教学中，重视思想方法能够激发学生的学习兴趣。目前，大学生在应试教育发展下都习惯于解题训练以及技能训练，他们认为数学是解题，却忽视了数学本质中的一般思想方法。在大学数学教学中，学生应认识一种技巧，并对其中的数学知识进行推理、判断等。所以，在教学中，要加强学生的思想，并激发学生的学习兴趣。对于宏观的数学思想，主要包括哲学思想、美学思想以及公理化方法等。对于一般的数学思想方法，主要包括函数思想、极限方法以及类比、抽象等方法，所以说，数学思想方法运行在数学知识中，不仅能够揭示出原始的思想，还能以独特的方法促进其演变过程。数学思想方法要展示出知识的发生过程，并能够对其中的细节进行点拨。例如，在 Taylor 公式中，首先，要了解 Taylor 公式最初产生的背景，因为在航海事业发展中，会利用到三角函数、航海表等，不仅需要确定出其中的精度，还要解决一些问题，所以说，函数是非线性知识中良好的思想方法。然后，提出相关问题，因为该方法不能实现较高的精确度，所以，就要实现多项式、高精度二次多项式。接着，对猜想的结论进行证明，并得出 Taylor 公式。最后，将 Taylor 公式的复杂式表现为简单化。

大学数学教学不仅仅是知识的主要传授，而且还是学生素质提高、能力培养的主要过程，将数学文化渗透到大学数学教学中去，让学生必须要认识到数学知识与数学文化之间的关系，然后实现两者之间的有机结合，在这种层面上，不仅能够揭示数学文化代表的意义，还能保证大学数学教学达到良好效果，从而使学生在文化熏陶下提高自身的数学素养。

第五节 数学文化融入大学数学课程教学

本节从数学文化融入大学数学课程的背景与现状分析，提出了教学改革思路及需要解决的关键问题，给出了将数学文化融入大学数学课程的具体实施方法。实践表明，教学改革充分调动了学生的学习积极性，提高了学生的数学能力，取得了较好的教学效果。

大学数学课程是工科专业开设的必修课，对于理科及工科专业，教师多半以讲授数学知识及其应用为主。对于数学在思想、精神及人文方面的一些内容很少涉及，甚至连数学史、数学家、数学观点、数学思维这样一些基本的数学文化内容，也只是个别教师在讲课中零星地提到一些。很多文科专业使用的教材和课程内容基本是理工科数学的简化和压缩，普遍采取重结论不重证明、重计算不重推理、重知识不重思想的讲授方法，较少关注数学对学生人文精神的熏陶，更多的是从通用工具的角度去设计教学。因此，很多大学生仍然对数学的思想、精神了解得很肤浅，对数学的宏观认识和总体把握较差。而这些数学素养，反而是数学让人终身受益的精华。因此，在大学数学教学中应注重数学文化的融入，培养学生的数学修养。

一、数学文化融入大学数学课程教学的思路与解决的关键问题

（一）数学文化融入大学数学课程教学的基本思路及目标

基本思路。对于理工科专业的学生，仍然加强数学在工具性和抽象思维方面的能力培养，适当地融入数学文化等内容，提高大学生学习数学的兴趣。文科学生参加工作后，具体的数学定理和公式可能较少使用，而让他们能够受益的往往是在学习这些数学知识过程中培养的数学素养——从数学角度看问题的出发点，把实际问题简化和量化的习惯，有条理的理性思维、逻辑推理的意识和能力、周到的运筹帷幄等。所以，对于文科学生而言，数学教育在工具性和抽象思维方面的作用相对次要，在理性思维、形象思维、数学文化等人文融合方面的作用更加重要。

在教学中，应使学生掌握最基本的数学知识，掌握必要的数学工具，用来处理和解决自然学科、社会及人文学科中普遍存在的数量化问题与逻辑推理问题。尽量使文科学生的形象思维与逻辑思维达到相辅相成的效果，并结合数学思想的教学适度地训练他们的辩证思维。了解数学文化，提高数学素养，潜移默化地培养学生数学方式的理性思维，使数学文化与数学知识相融合，尽可能地做到水乳交融。

基本目标。将数学文化融入大学数学课程教学，使学生理解数学的思想、精神、方法，理解数学的文化价值；让学生学会数学方式的理性思维，培养创新意识；让学生受到优秀文化的熏陶，领会数学的美学价值，提高对数学的兴趣；培养学生的数学素养和文化素养，使学生终身受益。

（二）数学文化融入大学数学课程教学需要解决的关键问题

数学文化融入大学数学课程教学需要解决以下关键问题：（1）数学教育对于大学生尤其是文科大学生的作用；（2）文科高等数学教材体系、教学内容与文科专业相匹配；（3）在教学中培养文科学生形象思维、逻辑思维及辩证思维；（4）将数学文化及人文精神融入大学数学教学中。

二、数学文化融入大学数学课程的实施

（一）将提高学生学习数学的兴趣和积极性贯穿于教学的全过程

教学中从学生熟悉的实际案例出发，或从数学的典故出发，介绍一些现实生活中发生的事件，以引起学生的兴趣。例如在讲微积分的应用时，介绍如何求变力做功后，用幻灯片展示了 2007 年 10 月 24 日我国成功发射的嫦娥一号卫星，历经 8 次变轨，于 11 月 7 日进入月球工作轨道。然后向学生提出了 4 个问题：卫星环绕地球运行至少需要多少速度？进入地月转移轨道至少需要多少速度？报道说，当嫦娥一号在地月转移轨道上第一次制动时，运行速度大约是 2.4 km/s，这是为什么？怎样才能保证嫦娥一号不会与月球相撞？学生利用已有知识给出了回答，提高了学生的学习积极性。

（二）将揭示数学科学的精神实质和思想方法等数学素养作为教学的根本目的

文科数学课时比理工科少一半，所学一些具体的定理、公式往往会忘掉，但若通过学习能对数学科学的精神实质和思想方法有新的领悟和提高，才是最大的收获，并会终身受益。数学素质的提高是一个潜移默化的过程，需要教师引导、学生领悟。因此，在数学知识的教学中，应注重过程教学，介绍一些问题的知识背景，讲清数学知识的来龙去脉，揭示渗透于数学知识中的思想方法，突出其所蕴含的数学精神，让学生在学习数学知识的同时，自己体会数学科学精神与思想方法。根据文科学生长于阅读的特点，在教材的各章配置一些阅读材料，要求学生课后认真阅读。这些材料适时、适度地介绍了基本概念发生、发展的历史，扼要地介绍数学发展史中一些有里程碑意义的重要事件及其对科学发展的宝贵启示，以及一些数学家的事迹与人品，并以较短的篇幅简要地介绍数学科学中的一些重要思想方法。

（三）结合专业特点讲解数学知识

高等数学有抽象的一面，尽管注重过程教学，但数学基础较差的学生仍难以理解数学知识所蕴含的数学思想方法。考虑到文、理、工科学生对自身专业的偏好以及已有的专业知识，在教学中，教师应以学生专业为教学背景，引入课题，说明概念，讲解例题，使得抽象的数学知识与学生熟悉的专业联系起来，激发学生学习的兴趣。如介绍微积分在经济领域的应用，通过边际效应帮助学生加深对导数概念的理解；引用李白的诗句"孤帆远影碧空尽，唯见长江天际流"来描写极限过程；通过气象预报和转移矩阵加深学生对矩阵的认识；以《静静的顿河》《红楼梦》等文学艺术作品作者的考证说明数理统计的思想方法；从"三鹿奶粉"事件的法律诉讼引申到假设检验以及如何选取"原假设"和"选择假设"。

  在大学数学课程中渗透数学文化素质教育，作为教师，要树立正确的数学教育观，深刻地理解和把握数学文化的内涵，在教学活动中积极实践、勇于创新。对学生来讲，只有利用一定的数学知识或数学思想解决一些现实问题，或了解用数学解决实际问题的一些过程与方法，才能体会到数学的广泛应用价值，真正地形成数学意识，培养数学素养，提高数学素质，从而提高运用数学知识分析问题和解决问题的能力。

第五章　高校数学素质培养的理论基础

第一节　数学素质的内涵及其构成

一、数学素质的本质属性

数学素质的含义应该在分析数学素质本质属性的基础上给出，这是因为，一个概念的本质属性能揭示其与其他概念的联系与区别。揭示本质属性可以帮助我们更加明确数学素质，并去理解数学素质。数学素质的本质属性就在于它具有境域性、个体性、综合性、外显性和生成性等特点。

（一）数学素质的境域性

所谓"境域性"是指任何知识都存在于一定的时间、空间、理论范式、价值体系、语言符号等文化因素之中。任何知识的意义不仅仅是由其本身的陈述来表达的，更是由其所位于的整个意义系统来表达的，离开这种特定的境域，既不存在任何知识，也不存在任何认识主体和认识行为。数学素质更加体现了知识的境域性特点，数学素质离不开数学知识，无论是数学素质的形成还是数学素质的外显均依赖特定的情境，如果没有特定的情境，数学素质是无法外显出来的。我们说某个人具有一定的数学素质，一般都是在特定的情境中，通过观察这个人解决问题时的表现来判断的。因此，离开特定的情境判断一个人是否具有数学素质是难以做到的，而且国内外研究趋势也明显突出了学生在真实情境中的表现。

（二）数学素质的个体性

数学素质的个体性是指数学素质具有很强的个性特点。数学素质外显关键在于个体对已有认知的调整。从心理学的角度来看，"由于每个人的知觉环境是独特的，很明显，虽然两个人会出现在空间和时间的同一位置上（或尽可能这样相近），但可能具有非常不同的心理环境。而且，面对相同的'客观事实'的两个同等智力水平的人的行为，可能由于各自的目的与经验背景的差异而截然不同"。从知识传授的角度来说，能够传授（传递）的常常是知识的表层，这个表层是非本质的。借用叔本华的比喻：这种知识不过是探索者留下的足迹而已，我们也许看清了他走过的路径，但我们不能从中知道他在一路上看到了什么。要想知道探索者看到了什么，就必须深入到知识的深层，即未可言明的，而且是个人化的知识。因为是未可言明的，所以我们无法通过对表层的、可言明的知识了解而看到探索者所看到的知识。因为它是个人化的，所以它往往只能为本人的感受，如果我们想看到它，就必须在某种程度上重复其探索的过程，使自己在某种程度上成为创立这门知识的个人。

数学素质表现出与其他概念明显的不同，正是由于数学素质构成的多样性以及个体的差异。其实，数学本身就是一种人类活动，数学知识体系凝聚着人的智慧、蕴含着人的思想观念，反映出人的信念、意向、行为准则和思维方式。数学素质与数学的不同之处就在于数学素质融入了个体对数学的体验、感悟和反思的结果。个体对数学生成不同的体验、感悟和反思，便形成了鲜明的个体性。

（三）数学素质的综合性

数学素质是一个系统，具有整体性特点，这也正是数学素质与数学知识的不同之处。从内容上来看，数学素质包含着数学知识、数学情感、数学思维、数学思想方法以及数学所体现出的科学精神和人文精神。这些内容构成一个相互联系的有机统一体，各个部分与要素之间相互联系、相互影响和相互制约。而数学素质的个体性使这些要素具备了生命特征，而生命系统的基本特点之一便是相互作用。在生命系统中，各组成部分不是以相互孤立而是以相互联系及与系统整体的关系的角度来界定的。这是生物学独有的特性之一，这一特性使它更适合作为人类发展的模式。从数学素质表征来看，我们可以将数学素质描述为稳定的心理状态或者心理属性，也可描述为品质、行为表现以及综合性能力。事实上，素质是一种精神、一种品质、一种无形之物。没有任何一种单独的特征能够概括人的素质，然而素质又随时会以某种形式表现出来。素质是一个人的品格、精神、知识、能力、学识、言谈、行为举止等的综合。所以，数学素质具有综合性特征，任何一种单独的特征都难以表征数学素质的特征。

（四）数学素质的外显性

数学素质的外显性是指作为社会动物的一个人，总处在与他人相互作用的过程中，个人的数学素质需要通过其行为表现出来。数学素质能否生成，需要主体通过其外显性来确认，也就是学生在其现实情境中表现出来的数学行为。这也就是说，一个具有数学素质的人，在现实生活中会表现出其具有数学素质的特征。一个人是否具备数学素质可以通过观察他在真实情境中的行为来判断。无论是国际数学教育研究还是国内数学教育研究，都要求学生在真实情境中表现出自身良好的数学素质，并试图寻求各种途径来描述数学素质的行为特征。

（五）数学素质的生成性

数学素质的生成性是相对数学知识的传授和接受来说的。素质的基本特点决定了素质的教学方式不同于单纯知识的教学方式。知识可以用传递—接受甚至灌输—记忆的方式进行教学。而素质显然不能用言传口授的方式直接从一个人那里传递给另外一个人，与此对应，学习者也不能简单地用接受的方式直接从他人那里获得现成的素质。因此，数学课堂教学可以将数学知识与数学技能传授给学生，而学生也可以通过数学课堂教学接受。但数学素质只能在主体所经历的数学活动中才能产生，并在真实情境中表现出来，主体只有在数学活动中通过对数学的体验、感悟和反思才能生成数学素质。

总之，数学素质的境域性表明数学素质的养成离不开情境；数学素质的个体性表明数学素质的养成离不开具有主体性的人，如果离开人，数学素质也就不复存在；数学素质的综合性表明对数学素质的描述用任何一种单一特征都是无法做到的；数学素质的外显性表明数学素质能否生成，需要通过学生在现实情境中表现出来的数学行为确认；数学素质的生成性表明在培养学生数学素质的教学中要重视他们对数学的体验、感悟和反思，也表明数学素质的教学方式不同于单纯数学知识的教学方式。

二、数学素质的内涵

在认识数学素质本质属性的基础上，我们从数学素质生成的角度把数学素质界定为：数学素质是指主体在已有数学经验的基础上，在数学活动中通过对数学的体验、感悟和反思，并在真实情境中表现出来的一种综合性特征。广义上来说其表现出来的是一种综合性特征，狭义上来说表现出来的是在真实情境中运用数学知识与数学技能理性地处理问题的行为特征。一般来说，科学理论的确立须经过实践的检验，这就需要具备三个条件：①新理论要能够说明旧理论已经说明的全部现象。②新理论要能够说明旧理论所不能说明的现象。③新理论要能够更好地预见事物发展的趋势、动态以及新事物的出现。为此我们可以从国际数学教育研究中来把握数学素质内涵的合理性。

国际数学教育研究是在建立素质概念的基础之上，来给数学素质下定义的：指个人能认识和理解数学在现实世界中的作用，作为一个富于推理与思考的公民，在当前与未来的个人生活中，能够做出有根据的数学判断和从事数学活动的能力。我们给数学素质所下的定义则是从数学素质生成的角度出发的，更加注重数学素质的生成过程，更加强调学生在真实情境中的数学表现，这其中包括了数学素质的来源、数学素质的具体生成过程以及数学素质生成的标志，从该角度给数学素质下定义更加有助于数学素质的教学和评价。

三、数学素质的构成

（一）数学素质构成要素的分析框架

用以研究、分析和把握某一领域的基本尺度称为分析框架，它既规定了对这一领域研究的问题的内容和边界，又提供了理解、分析、解决这些问题的基本视角、基本思路、基本原则和基本方法。因此，分析框架的建立极为重要，数学素质构成要素的分析框架的建立应该依据以下几个方面：

1.社会发展对数学的需求

无论是教育现象学理论，还是现实数学教育理论，都明确强调了教育或者数学教育要回归现实生活。所以，数学素质构成要素的分析框架的建立必须考虑社会发展对数学的需求。21世纪是数字化时代和信息时代，数字化时代对数学素质的要求一方面是由于技术的提高和运用，使社会降低了对一般公民过去的常规数学技能和一些特殊数学技巧方面的要求；另一方面又增强了对公民具有更普遍性的数学概念和数学思想方法的要求，以及运用数学的意识和态度，以便能更有效地运用数学技术来处理信息、发现模式、做出决策，适应数学本身与日俱增的作用。信息时代对数学素质的要求至少表现在以下几个方面：第一，具备信息技术手段与工具运用的技能；第二，具有收集与处理数据的能力；第三，学会数学的观察与思考，具备应用数学解决现实问题的意识以及合理的数学思维方式。郑毓信教授指出："就现代而言，我们应努力创造信息时代的数学教育，而其核心就在于我们应当帮助学生学会数学地思维、数学地去观察世界和解决问题。"因此，在现代社会的很多方面，运用数学语言进行交流、解释包含数量讨论的主张以及对数学模型的批判性评价是数学素质必不可少的。数学素质可分为：为经济发展的数学素质；为文化认同的数学素质；为社会变化的数学素质；为环境意识的数学素质；为数学评价的数学素质（关于测量和考证的推理、形式化转换、柏拉图式的推理、结构化、数系）。一个具有数学素质的成人应该知道有关数学应用的例子，能够流畅地理解含有数学理论的文献，能利用统计和数学模型的结果参与政治讨论。正是因为数学在现实生活和科技发展中的巨大作用，数学是一种工具的认识已深入人心。实际上，数学有两种品格，一是工具品格，二是文化品格。由于数学在应用上的极端广泛性，因而在人类社会发展中，那种挥之不去的短期效益思维模式必然导致数学之工具品格越来越突出和越来越受到重视。特别是在实用主义观点日益强化的思潮中，更会进一步向数学纯粹工具论的观点倾斜，所以数学的工具品格是不会被人们淡忘的。相反地，数学之另一种文化品格在今天已经不为广大教育工作者所重视，更不为广大受教者所知，几乎到了只有少数数学哲学专家才有所了解的地步。但是，当他们后来成为哲学大师、著名律师和运筹帷幄的将帅时，早已把学生时代所学到的那些非实用性的数学知识忘得一干二净了，但那种铭刻于头脑中的数学精神和数学文化理念，却会长期地在他们的事业中发挥着重要的作用。也就是说，他们当年所受到的数学训练，一直会在他们的生存方式和思维方式中潜在地起着根本性的作用，并且终生受用。这就是数学的文化品格、文化理念与文化素质教育的深远意义和至高无上的价值所在。

日本数学家米三国藏认为："学生们在初中、高中等接受的数学知识，因毕业进入社会后几乎没有什么机会应用这种作为知识的数学，所以通常是出校门后不到一两年，很快就忘掉了。然而，不管他们从事什么业务工作，深深铭刻于头脑中的数学的精神，数学的思维方法、研究方法、推理方法和着眼点（若培养了这方面素质的话），却随时随地发生作用，使他们受益终生。这种数学的精神、思想和方法，在初等数学、高等数学之中，在各种教材中大量存在着。如果教师利用教科书向学生传授这样的精神、思想和方法，并通过这些精神活动以及数学思想、数学方法活用，反复锻炼学生的思维能力，那么学生从小学、初中到高中的12年间，通过不同的教材，会成百上千次地接受同一精神、方法、原则的指教和锻炼。所以，纵然是把数学知识忘记了，但数学的精神、思想、方法也会深刻地铭刻在头脑里，长久地活跃于日常的业务中。"从数学的广泛应用、数学文化品格、数学教学状况以及数学知识与数学精神、数学思想方法、数学的思维等比较来看，数学精神、数学思维、数学思想方法、数学应用和数学知识等构成了稳定的数学素质。特别值得关注的是数学应用素质、数学思想方法素质、数学思维素质和数学精神素质。

2. 受过教育的人的特征

数学教育是教育的重要组成部分，美国当代教育哲学家彼得斯指出，受过教育的人应具备以下四个基本特征。

第一，由于教育必须包含知识与理解，所以一个受过教育的人不能仅仅具有一些专门的技能。一个很出色的钳工、车工不一定是受过教育的人。受过教育的人必须掌握大量的知识或概念图式，这些知识或概念图式构成他的认知结构，因此体育中的教育不同于体育中单纯的身体训练。

第二，一个受过教育的人所掌握的知识不是无活力的知识，这种知识应该能使受教育者形成一种推理能力，进而重组他的经验，并能改变他的思维方式和行动能力。因此，一个有知识的人如果不能使知识产生活力以改变他的信仰和生活方式，那就像放在书架上的百科全书，不能算作受过教育的人。这就是说，教育意味着一个人的眼界经由他所认识的东西发生了改变。一个人可能在课堂上或考试中正确地给出有关历史问题的答案，在此意义上他算得上是一个通晓历史的人，但如果他的历史知识从来都不曾影响过他看待其周围的社会事物的方式的话，那么我们可能称此人博学，但不会说他是一个受过教育的人。

第三,一个受过教育的人必须对各种类型的思维形式或意识形式的内部评价准则有所信奉。一个人不可能真正地理解什么是科学的思维形式,除非他不仅知道必须寻求证据以支持假设,而且知道什么东西可以被看作证据,以及证据的相关性、相容性等。

第四,一个受过相应训练的科学家并不一定就是一个受过教育的人。这并不是因为他所从事的科学活动无价值,也并不是因为此人不了解科学活动的原理,而是因为此人可能会缺乏一种认知的透视力,即此人可能会以一种非常狭隘的眼光来看待他正在从事的活动,他未能意识到他所从事的活动与许多其他的活动之间的关联性以及该活动在整个统一的生活形式中所处的地位。

从受过教育的人的特征中,可以看出一个真正受过教育的人应该体现在真实情境中应用所学习的知识和技能,并将这种知识和技能转化为个人的思维和处理问题的能力。这给数学素质的研究的启示是一个有数学素质的人应该拥有一定的数学知识,并通过应用使这些数学知识充满活力,而且能在应用中不断改进自己的思维和处理问题的方式。

3. 数学素质与数学课程标准

无论是数学课程标准还是数学教学大纲,通常都这样描述:数学是人类文化的重要组成部分,数学素质是公民所必须具备的一种基本素质。因此,数学课程标准中的数学素质应该是建立在文化基础之上的。这也就是说,数学素质的前提是数学是一种文化。所以,考察人们对数学文化的认识,有助于数学素质的分析框架的建立。

著名数学家徐利治教授认为:"从文化的角度来看,数学的思维方法的重要性则又充分体现在以下的事实上,即我们的大多数学生将来可能用不上任何较为高深的数学知识。然而,数学的思想方法则有着十分广泛的普遍意义,即其不仅可以被用于数学的研究,而且可被用于人类文化的各个领域。一般地说,这事实上也就是数学的最重要的文化价值。"

数学文化研究者顾沛教授认为:"数学文化主要教授数学的思想、数学精神和方法。现在的数学课,由于各种原因,常常采取重结论不重证明、重计算不重推理、重知识而不重思想的讲授方法。学生为了应付考试,也常以'类型题'的方式去学习、去复习。一个大学生虽然从小学、中学到大学,学了多年的数学课,但大多数学生仍然对数学的思想、精神了解得比较肤浅,对数学的宏观认识和总体把握较差,数学素质较差;甚至误以为学数学就是为了会做题、能应付考试,不知道数学方式的理性思维的重大价值,不了解数学在生产、生活实践中的重要作用,不理解数学文化与诸多文化的交汇。"并提出"数学素质,是通过数学教学赋予学生的一种学数学、用数学、创新数学的修养和品质,也可以叫数学素质。其包括以下五个方面内容:主动探寻并善于抓住数学问题中的背景和本质的数学素质;熟练地用准确、严格、简练的数学语言表达自己的数学思想的数学素质;具有良好的科学态度和创新精神,合理地提出数学猜想、数学概念的素质；提出猜想后以数学方式的理性思维，从多角度探寻解决问题的思路的素质；善于对现实世界中的现象和过程进行合理的简化和量化，建立数学模型的素质。"

张顺燕教授在《数学教育与数学文化》中认为："数学不仅仅是一种工具，它更是一个人必备的素质。它会影响一个人的言行、思维方式等各个方面。一个人，如果他不是以数学为终生职业，那么他的数学素质并不只表现在他能解多难的题、解题有多快、数学能考多少分，关键在于他是否真正领会了数学的思想、数学的精神，是否将这些思想融会到他的日常生活和言行中去。"从文化的视角来看，数学素质应该包括数学知识、数学应用、数学思想方法、数学思维和数学精神素质。

4. 科学素质构成和科学素质现状的启示

数学素质作为人们主要的素质之一，与科学素质紧密联系，甚至是科学素质的重要组成部分，所以，分析科学素质的构成对数学素质的构成研究极为重要。

国务院颁布的《全民科学素质行动计划纲要》(以下简称《科学素质纲要》)指出：科学素质是公民素质的重要组成部分。公民应具备的基本科学素质一般指了解必要的科学技术知识，掌握基本的科学方法，树立科学思想，崇尚科学精神，并具有一定的应用它们处理实际问题、参与公共事务的能力。这是对科学素质内涵做出的定性表述。根据有关调查，我国公民科学素质水平与发达国家相比差距甚大。公民科学素质的城乡差距十分明显，劳动适龄人口科学素质不高；大多数公民对基本科学知识了解程度较低，在科学精神、科学思想和科学方法等方面更为欠缺。

对我国科学素质的调查表明，我国大多数公众还不具备基本程度的科学精神和科学意识。也就是说，我国大多数公众还不具备分辨科学和伪科学的能力，还不具备基本程度的科学思维方法，还不具备用科学方法思考和解决各种问题的能力。对商品社会中各种信息，他们还不具备分辨真正的科学信息和虚假信息的能力。对影响他们生活和工作的各种因素，还不能用科学的思维方法去看待和解决。他们还远没有形成对科学政策决策的参与力量和影响力量。

通常通过"科学普及"来提高公众的科学素质。"科学普及"分为三个层次，最浅的层次是普及技术，包括实用技术、新技术和高技术。较深层次是普及科学，包括科学知识、科学方法。如果说普及技术可以提高人们变革世界的能力，改善生活质量的话，那么，普及科学则是要提高人们认识世界的水平。核心层次则是普及科学思想、科学观念和科学精神。科学思想的核心就是规律意识和理性精神，科学精神则具体表现为探索精神、实证精神、原理精神、创新精神和独立精神，它所表达的是一种敢于坚持科学思想的勇气。

前面两个层次的普及"普"不了，也无须"普"，能向全民普及种子技术、芯片技术吗？需要向全民进行科普的应该是第三个层次。可是多年来，为了我们的生存，比较容易接受表面层次的技术成果，却常常忽略技术之母——科学的探索和研究，更忽视科学之母——科学思想、科学观念和科学精神的传播。而对一个民族来说，科学思想才是最重要的，它是照亮人类心灵的灯塔。

从上述研究中可以看出，科学素质包括五个方面：科学知识、科学方法、科学思想、科学精神和科学应用能力。而基于目前的科学研究的现状，更应该关注科学方法、科学思想和科学精神。

（二）数学素质的五个要素

从信息社会对数学素质的需求特征，以及我国颁布的科学素质框架、数学课程标准以及国内外对数学素质分析框架的分析，可以发现数学素质由五个要素构成。

1. 数学知识素质

任何素质的产生都离不开知识，同样，数学素质的产生也离不开数学知识。数学知识素质是数学的本体性素质，数学素质只有在学习数学知识以及应用数学知识的过程中生成。没有数学知识，数学素质就是无源之水、无本之木。国内外数学素质研究者一致认为，数学素质只有在数学知识素质的基础上才能拓展形成。

2. 数学应用素质

关注知识的应用是任何教学存在价值的追求之一。正如夸美纽斯所认为的："凡是所教的都应该当作能在日常生活中应用并有一定用途的去教。这就是说，学生应当懂得，他所学的东西不是从某个乌托邦取来的，也不是从柏拉图式的观念借来的，而是我们身边的事实之一，他们应当懂得适当地熟识它对生活是大有用处的。这样一来，他的精力和精确性就可以得到长进。"杜威认为："一个人只有懂得数学概念发生作用的那些问题和数学概念在研究这些问题中的特殊用处，才能算是有数学概念知识的人。如果仅仅懂得数学上的定义、法则、公式等等，就像懂得一个机器的各部分的名称而不懂得它们有什么用处一样。在这两个例子中，意义或知识的内容，就是懂得一个要素在整个系统中的作用。"

数学应用素质是指主体在真实情境中应用数学知识和技能处理问题的能力，是最直观地反映数学素质的重要方面，个体数学素质的其他方面都是通过在现实情境中对数学的应用而体现的。

3. 数学思想方法素质

数学本身就是一种重要的思想方法，甚至数学知识就是一种重要的方法。著名数学家怀特海指出："数学知识对人类的生活、日常事务、传统思想以及整个的社会组织等都将产生巨大的影响，这一点更是完全出乎早期思想家的意料，甚至一直到现在，数学作为思想史中的一个要素来说，实际上应占什么地位，人们的理解也还是摇摆不定的，假如有人说编著一部思想史而不深刻研究每一个时代的数学概念，就等于是在《哈姆雷特》这一剧本中去掉了哈姆雷特这一角色。"

著名数学教育家张奠宙先生将数学方法分为四个层次：第一，基本的和重大的数学思想方法，如模型化方法、微积分方法、概率统计方法、拓扑方法、计算方法等。它们决定一个大的数学学科方向，构成数学的重要基础。第二，与一般科学方法相应的数学方法。如类比联想、综合分析、归纳演绎等一般的科学方法。第三，数学中特有的方法，如数学等价、数学表示、公理化、关系映射反演、数形转换。第四，数学中的解题技巧。从这个角度来看，当前数学教学主要注重第四个层次，其他层次相对比较弱。著名数学教育家史宁中教授在《数学思想概论（第一辑）——数量与数量关系的抽象》中指出："至今为止，数学发展所依赖的思想本质上有三个：抽象、推理、模型，其中抽象是最核心的。通过抽象，在现实生活中得到数学的概念和运算法则，通过推理得到数学的发展，然后通过模型建立数学与外部世界的联系。"从这个方面来看，当前的数学教学更为缺乏这三个方面，而这三个方面正是数学与现实生活紧密联系的关键。

数学思想方法素质表现为主体对数学中蕴涵的科学方法和数学特有的方法的掌握和在真实情境中的应用。数学思想方法包括：一般的科学方法，这些科学方法是数学中体现的科学思想方法，如演绎、归纳、类比、比较、观察、实验、综合、分析等；还有数学特有的方法，如化归、数学模型等。

4. 数学的思维素质

思维素质的生成是当代教育家的共识。美国教育家贝斯特说："真正的教育就是智慧的训练。学校的存在总要教些什么东西，这个东西就是思维能力。"英国教育哲学家赫斯特强调："教育的中心目的是向学生传授主要的思维形式。"杜威认为："学习就是要学会思维""教育在理智方面的任务是形成清醒的、细心的、透彻的思维习惯"。所以，培养学生的思维是教育的主要价值之一，因为思维的重要性在于一个有思维的人，行动取决于长远的考虑，它能做出有系统的准备，它能使我们的行动具有深思熟虑和自觉的方式，以便达到未来的目的，或者说指挥我们的行动以达到现在看来还很遥远的目的。

思维方式有种种不同的划分方法：①每个民族都有自己特有的思维方式。如古希腊数学家和古印度数学家所关心的问题以及考虑问题的方法有显著差异。②不同信仰的人考虑问题的方式也不一样。③研究不同学科和从事不同职业的人，也常常会逐渐养成各自特有的思维方式。人们常常从特定的角度出发，从特定的思维框架出发去看待世界，因而思维方式也就各不相同，特别是不同的学科会形成不同的学科思维素质。对数学思维素质的重视可以追溯到古希腊。柏拉图认为："算学对我们来说实在是必要的，因为它显然会迫使我们的心灵使用纯粹思维，以达到真理。"昆体良认为几何学"对儿童是有教学价值的，因为大家公认几何学能锻炼儿童的心智，提高他们的才智，使他们的理解力灵敏起来"。美籍匈牙利数学教育家波利亚在解题中强调："解题要学会思考""教会学生思考"。而且认为这里的"思考"包括两个方面：其一，指"有目的的思考""创造性的思考"，也就是"接近'解题'"；其二，既包括"形式的"思维，又包括"非形式的"思维，即"教会学生证明问题，甚至也教他们猜想问题"。他进一步说明"教会思考"意味着教师不仅应该传授知识，而且应当发展学生运用所传授知识的能力。著名数学教育家张奠宙教授指出："应用数学的立场、观点、态度和方法去处理成人生活、经济管理和科技发展中的理论和实际问题，也许是数学素质中根本的一点。"1989年美国数学科学教育委员会和美国数学科学委员会等给美国当局提交的报告《人人关心》中强调："从来没有像现在这样，美国人需要为生存而思考；从来没有像现在这样，他们需要进行数学式的思考。每个人都依赖于数学教育的成功，每个人都受损于它的成败。数学必须成为美国数学教育管道中的泵而不是过滤器。"

　　韦尔在《数学的思维方式》中指出："所谓数学的思维方式，首先是指数学用以渗透研究以外的外部世界的科学（例如物理学、化学、生物学和经济学等），以及渗透我们人类事物的日常思维活动中的那种推理形式，其次是数学家们应用于自己的研究领域中的推理形式。"著名的问题解决研究主要领头人物之一舍费尔德教授就曾这样说："现在让我回到问题解决这一论题。尽管我在1985年出版的书中用了'数学解题'这样一个名称，我现在认识到这一名称的选用不很恰当。我所考虑的是单纯的问题解决的思想过于狭隘了。我所希望的并非仅仅是教会我的学生解决问题——特别是别人提出的问题，而是帮助他们学会数学的思维。不用说，问题解决构成了数学思维的一个重要部分，但这并非全部的内容。在我看来，数学的思维意味着：①用数学家的眼光去看待世界，即具有数学化的倾向：构造模型、符号化、抽象等等。②具有成功地实行数学化的能力。"所以，数学的思维素质就是指学生在真实情境中，从数学的角度理解和把握面临的真实情境并加以整理，寻找其规律的过程，也叫数学化，也就是数学地组织现实世界的过程。这里需要指出的是，数学的思维不同于数学思维，数学思维是针对数学活动而言的，它是通过对数学问题的提出、分析、解决、应用和推广等一系列工作，以获得对数学对象（空间形式、数量关系和结构模式）的本质和规律性的认识过程。

　　5.数学精神素质

　　雅斯贝尔斯指出："教育过程首先是一个精神成长的过程，然后才成为科学获知过程的一部分。"这就是说，数学教育中，数学精神素质的生成是数学教育中数学素质的最高层次。然而，数学精神的生成却是数学教学最为忽视的部分。也就是说在我们的数学教学中，对数学精神的教育与研究尚未引起应有的重视，相当多的数学教师不懂得什么是数学精神，更谈不上用数学精神铸造学生高尚的人格。以致使不少学生在数学学习中，会解题、能考试，却缺乏理性精神；唯书、唯师、唯上，却缺乏求真与创新精神；有追求，敢实践，却不知反思和自省，这种在数学工具论指导下的形式主义的数学教学，带给学生的是，既影响了他们的综合素质，又影响了他们的专业水平。

美国应用数学家克莱因在他的名著《西方文化中的数学》中指出："在最广泛的意义上说，数学是一种精神，一种理性的精神。正是这种精神，激发、促进、鼓舞并驱使人类的思维得以运用到最完善的程度，也正是这种精神，试图决定性地影响人类的物质、道德和社会生活，试图回答人类自身存在提出的问题，努力去理解和控制自然，尽力去探求和确立已经获得知识的最深刻和最完美的内涵。"数学精神包括一般的科学精神、人文精神和数学特有的精神。通常把近代以来科学发展所积淀形成的独特的意识、理念、气质、品格、规范和传统称为科学精神。它可以从不同角度给予不同的界定。一般而言，科学的整体可以分为科学知识体系、科学研究活动、科学社会建制和科学精神四个层面，科学精神通过前三个层面映射出来，体现了哲学与文化意蕴，是科学的灵魂。科学精神蕴涵在科学思想、科学方法和科学的精神气质之中。科学精神的气质主要包括普遍性、公有性、无私利性、独创性和有条理的怀疑精神。科学精神的具体内涵主要体现在：①求真精神。②实证精神。③怀疑和批判精神。④创新精神。⑤宽容精神。⑥社会关怀精神。人文精神是指以人为本，以人为中心的精神，体现在揭示人的生存意义，体现人的价值和尊严，追求人的完善和自由发展的精神，包括自由精神、自觉精神、超越精神和人的价值观等。在数学教育中科学的人文精神包括：严谨、朴实；理智、自律；诚实、求是；勤奋、自强；开拓、创新；宽容、谦恭，等等。实际上，科学精神和人文精神是不可分割的，只有将两者结合起来才能使其走向良性发展。而这种精神蕴含在数学学科中，比如有学者认为：数学精神是人们在几千年数学探索实践中所创造的精神财富，它积淀于数学史、数学哲学及数学本身之中。确切地说，所谓数学精神，指的是人们在数学活动中形成的价值观念和行为规范。数学精神的内涵十分丰富，主要有数学理性精神、数学求真精神、数学创新精神、数学合作与独立思考精神等。日本数学家米三国藏认为："贯穿在整个数学中的精神包括活动于解决实际问题中的数学精神，数学的精神活动的诸方面包括：充满在整个数学中的应用化的精神；充满在整个数学中扩张化、一般化的精神；充满在整个数学中的组织化、系统化的精神；遍及在整个数学中的研究的精神；致力于发明发现的精神；充满在整个数学中的统一的建设的精神；充满在整个数学中的严密化的精神；充满在整个数学中的'思想的经济化'的精神。"数学精神素质是指学生在真实情境中表现出来从数学的角度求真、质疑、求美和创新的特征。实际上，科学精神一点也不神秘。每当我们在现实生活中冷静、理智地想问题，处理问题时，我们就具有某种科学精神。简单地说，就是客观的态度、有条理的方法。

上述讨论使得数学素质五个层次要素之间的关系非常明确：数学知识素质是数学的本体性素质，数学应用素质、数学思想方法素质、数学思维素质和数学精神素质是在数学知识素质的基础上拓展出来的。而数学应用素质与数学思想方法素质、数学思维素质、数学精神素质之间的关系则是通过数学应用来体现数学素质的其他层面。因为数学素质最终要通过主体在真实情境中表现出来，只有在数学应用中才可以体现出主体的数学素质的其他层面。所以，只有通过主体处理具有真实情境的问题以及通过数学应用才可以判断主体所显现出来的不同层面的数学素质。

第二节　数学素质的生成

皮亚杰在《发生认识论原理》中指出："新结构——新结构的连续加工制成是在发生过程和历史过程中被揭示出来的——既不是预先形成于可能性的理念王国中，也不是预先形成于客体之中，又不是预先形成于主体之中。"数学素质同样不是学生先验理念的存在，而是在数学活动中产生的，不是仅仅授受的，而是在数学教学中逐渐地自然生成的。所以，对数学素质的生成机制的分析是极为重要的。

一、数学素质生成的特征

从动态生成的角度看数学素质的生成具有过程性、超越性和主体性特征。

（一）数学素质生成的过程性

生成性思维表明，生成是一个过程，是一个从无到有的过程。数学素质的生成同样是一个过程，是主体在已有数学活动经验的基础上，在数学活动中，经历、体验、感悟和反思数学应用、数学思想方法、数学的思维以及数学精神，形成一种综合性特征，并将这种结果在真实情境中表现出来。所以，数学素质有"生"和"成"两个过程，生的阶段主要是学生的学习阶段，关键在于学生主动、积极地参与数学学习的过程，在数学学习中逐渐形成对数学本质的科学认识、掌握数学知识和数学思想方法，养成数学的思维习惯以及培养数学的精神。这个过程依赖主体对数学过程的体验、感悟、反思，是一个主体积极主动的过程。而在数学素质的"成"的阶段中，需要主体把已有数学素质的"生"的结果表现在自身的活动行为中，主体在真实世界中，能够有数学精神，用数学的思维或眼光审视现实世界，选取数学的思想方法来分析主体面临的实际问题，积极应用相关数学知识与技能来解决问题，并以数学精神来审视问题解决的结果是否适合现实问题情境。从主体的活动的角度来看，数学素质的生成过程是主体体验、感悟、反思和表现的过程。从内容来看，是主体把数学活动的结果（包括知识和经验以及主体对数学的体验、感悟和反思的结果）转化为真实情境中的表现过程。

（二）数学素质生成的超越性

数学素质源于数学活动经验，但是不同于数学经验，数学素质一旦形成，将超越数学经验以及数学知识和技能的学习范围。正如著名数学家徐利治教授等指出的："较高的数学素质与所谓的'数盲'直接对立，而这不仅是指掌握了一定的数学知识和技能，更是指具有数学地思维的习惯和能力，即数学地观察世界、处理解决问题。"

数学素质的超越性就是超越数学素质的原有水平而不断达到更高的层次。具体来说，主体在学习数学知识的基础上，通过现实情境获得数学应用素质的提升，数学思想方法的掌握以及数学思维习惯的养成，最终形成数学精神。而数学精神的张扬使得主体能够从数学的角度质疑、求真、求美、求善，并从数学的角度思考，决定使用数学思想方法。这个过程中，数学素质的构成要素不断转换，必将超越原有的数学素质。数学素质的超越性决定了数学教学中数学素质生成的可能性。

（三）数学素质生成的主体性

所谓主体性就是作为现实活动的主体人为地达到自我的目的而在对象性活动中表现出来的把握、改造、规范、支配客体和表现自身的能动性。从数学本身来看，由于数学是从人的需要中产生的，数学是一种人类活动，因此作为认识成果的数学就不可避免地体现出认识主体的主体性，留有认识主体的思想痕迹。数学素质的生成离不开人，与数学知识的客观性相比较，数学素质更具有主体性，包含了个体的数学经验、数学活动、对数学的领悟与反思等。数学素质的生成由于影响学生的问题解决因素和问题情境因素具有多样性特点，使得学生个体在问题解决中，必然会充盈着具有个体数学的倾向性和数学的行为模式，所以，数学素质必然具有主体性特征。皮亚杰指出："整个认识关系的建立，既不是外物的简单摹本，也不是主体内部预先存在的独立现象，而是包括主体与外部世界在连续不断的相互作用中逐渐建立起来的一个结构集合。"数学素质在生成中需要发挥主体的主动性、积极性和自主性。

二、数学素质的生成机制

"机制"一词来源于古希腊语"mechane"，意指机器的构造和动作原理。《现代汉语词典》中对机制的解释是：①机器的构造和工作原理，如计算机的机制；②有机体的构造、功能和相互关系，如动脉硬化的机制；③指某些自然现象的物理、化学规律，如优选法中优化对象的机制，也叫机理；④泛指一个工作系统的组织部分或者部分之间相互作用的过程和方式，如市场机制。可见，机制一词引入不同的学科就有不同的含义，但其基本的含义是事物的组成部分、组成部分的关系以及这些组成部分之间的相互作用的运作关系、方式、过程以及结果。所以，对于数学素质的生成机制应该系统分析其生成过程，这个过程由哪些因素组成，这些过程是怎样联系的以及最终是怎样形成的。

系统论也告诉我们，要了解一个系统，首先要进行系统分析。一是弄清系统是由哪些组成部分构成的；二要确定系统中的元素或成分是按照什么样的方式联系起来形成一个统一的整体的；三要进行环境分析，明确系统所处的环境和功能对象，系统和环境如何互相影响、环境的特点和变化趋势。所以，系统地分析数学素质的生成机制有助于揭示数学素质的生成过程，为数学素质生成的教学研究奠定理论基础。

下面主要从数学素质的生成基础、生成条件、生成环节、生成标志等角度对数学素质的生成机制进行系统分析。

（一）数学素质生成的基础和源泉：主体已有的数学经验

生成学习理论表明，人们在构建对所知觉信息的意义时，总是涉及其原有认知结构，就是学习者将原有认知结构与从环境中接受的信息或新知识相结合，主动地选择信息并积极地构建信息意义的过程，并把学生的前概念、知识和观念作为生成学习理论的四大因素之一。洛克认为："我们的全部知识是建立在经验上面的，知识归根到底都是来源于经验的。"杜威认为："学校教育在教学中能通过符号的媒介完全地传达事物和观念以前，必须提供许多真正的情境，个人参与这个情境，领会材料的意义和材料所传达的问题。从学生的观点来看，所取得的经验本身是有价值的，从教师的观点来看，这些经验是提供了解利用符号的教学所需要的教材的手段，又是唤起利用符号传达的材料的虚心态度的手段。"可以看出，经验是一切学习活动的基础。经验通常指感觉经验，即人们在同客观事物接触的过程中，通过感觉器官获得的关于客观事物现象和外部联系的认识，有时也泛指人们在实践中获得的知识。实际上，在数学教育中，原有的认知结构和学生的前概念、知识和观念就是主体已有的数学经验。

什么是数学经验呢？在哲学上，数学经验可划分为三种类型：①直接来自现实问题的数学经验，即在数学理论出现之前和应用于现实之后，人们对其现实原型的性质进行分析探索，从研究现实的量的关系中积累的经验。②间接来自现实问题的经验，即在对数学自身问题的认识过程中积累起来的，具有一定抽象性质的、从研究作为思想事物的量的关系中获得的经验，有些数学家称之为理经验或理性经验。③在数学学习过程中积累起来的经验。这种获得经验的过程，实质上重演了前人研究数学时积累经验过程。当然学习中的经验更精练、更系统、更易于接受，但在启发性方面，往往不如历史上的经验那样深刻。

在数学教育中，数学经验是指主体所经历的一切与数学有关的活动经验以及所形成的个人信念，体现为这样几个方面。

1. 在没有学习数学之前已经形成的经验

最初的数学概念都带有很明显的人类经验的痕迹。在教育中，在学习者尚未接触某一数学概念之前，他的生活中已经有了某一数学概念，并且学习者已经形成这种习惯。或者说学习者原有的数学概念是建立在自己的生活经验基础之上的。学习者被看作由目标指引积极搜寻信息的施动者，他们带着丰富的先前知识、技能、信仰和概念进入正规教育，而这些已有知识极大地影响着他们对环境内容以及环境组织和理解方式的理解。因此，教师需要注意学习者原有的不完整理解、错误观念和对概念的天真解释对所学科目的影响。

2. 学习数学的过程中形成的经验

在数学学习中，主体在数学教师的引领下就会逐渐形成数学的活动经验。这种数学经验因数学教师教学和学生学习方式的差异而不同。如果数学教师在数学教学中过分强调公式和定理的记忆，学生所形成的数学学习经验就是死记硬背公式。如果数学教师在数学教学中强调数学的质疑、猜想、发现和证明，学生就会体验到数学的质疑、猜想、发现和证明，从而形成与之对应的数学经验。

3. 学习数学之后形成的经验

在数学学习之后形成的数学经验包括数学知识与技能、数学活动经验、数学观念以及数学的思维习惯等。此时，个体的数学经验已经具有综合性、外显性、个体性等特点。这些经验为数学素质的生成提供了独特的个人框架，形成了组织和吸收新知识的概念关系项，把新知识与已有概念整合起来生成数学素质。因为"人人都体会得到，对于那些曾经寄托了自己情感、意念的习得经验，是最刻骨铭心的，常常是终生难忘的，因为，那是最可能融于自身的，或者说它真正成为素质了。也就是说，这种习得经验对素质发展有最实在、最深刻的影响"。所以，主体已有的数学经验是数学素质生成的基础和来源。这也表明数学素质的生成离不开主体已有的数学经验，而且数学经验也是数学素质的重要组成部分。数学素质的生成中，尊重和充分挖掘学生的数学经验成为数学素质生成的先决条件。

（二）数学素质生成的外部环境：真实情境

教育现象学表明，教育是教学、培育的活动，或者从更广泛的意义上来讲，是与孩子相处的活动，这就要求在具体的情境中不断进行实践活动。教育学存在于极其具体的、真实的生活情境中。从系统的角度来看，任何系统都是在一定的环境中产生出来的，又在一定的环境中运行、延续、演化，不存在没有环境的系统。数学素质生成需要一定的环境，数学素质生成的环境决定了数学素质的生与成。

数学素质的生成是在数学活动中产生，指向在真实情境中对数学知识与技能的运用并逐步形成数学思想方法以及数学的思维和数学精神素质。因为，如果思维不同实际的情境发生关系，如果不是合乎逻辑地从这些情境产生进而求得结果的思想，我们永远不会搞发明、做计划，或者，永远不会知道如何解决困难和做出判断。所以，真实情境既是数学素质生成的环境，又是数学素质表现的载体。

数学素质生成的环境不仅仅是对于一个问题的解答，更为主要的是主体在一个真实情境中，从数学的角度理解情境、把握情境，在合理理解情境中展示自己的数学素质。

（三）数学素质生成的载体：数学活动

无论是知识的获取还是知识意义的建构，都与主体所从事的学习知识的活动有关，数学素质的生成依赖于主体所从事的数学活动。苏联数学教育学家斯托里亚尔在《数学教育学》中较早对数学活动进行阐述。斯托里亚尔认为："从对数学教学中积极性的狭义理解出发，我们把数学教学的积极性概念作为具有一定结构的思维活动的形成和发展来理解，这种思维活动叫作数学活动。"到底什么是数学教学的积极性概念呢？他首先指出："在教学过程中，学生的积极性是掌握知识的自觉性的前提。如果缺乏积极的思维活动，就不能自觉地掌握知识。数学教育学不能建立成听任学生在积极的思维活动和单纯的死记硬背之间进行自由选择的两头，它应当建立成以全体学生的积极思维活动为基础的积极的数学教学。"在数学教学中有两种积极性：广义和狭义。"在数学教学中的广义积极性，与学生在其他学科教学过程中的积极性没有本质的区别。它是一般的积极思维活动。狭义积极性是带有数学特点的，因而叫作数学活动的一种特殊积极性，是具有一定结构的思维活动。"把数学活动分为三个阶段：①借助观察、试验、归纳、类比和概括，积累事实材料（可称之为经验材料的数学描述，也可称之为具体情况的数学化）；②从积累的事实材料中抽象出原始概念和公理体系，并在这些概念和体系的基础上建立理论（可称之为数学材料的逻辑组织化）；③应用理论形成模型（也指数学理论的应用）。因而，数学活动可看作按照下列模式进行的思维活动：①经验材料的数学组织化；②数学材料（第一阶段活动的结果中积累的）的逻辑组织化；③数学理论（第二阶段的结果中建立的）的应用。因此，数学活动是指发现或有意义地接受数学真理，是逻辑地组织用数学经验方法得到的数学材料，并在各种具体问题上应用理论并发展理论的过程。

数学活动是主体积极主动地学习数学，探索、理解、掌握和运用数学知识与技能，形成数学能力，经历数学化过程的数学认知活动。与一般活动不同的是，学生能在数学活动中经历"数学化"过程。这里的学习是以数学思维为核心，包括理解、体验、感悟、反思、交往、表现和实践等多种方式，是数学认知结构的形成发展过程，其实质是数学思维活动。阿兰·施恩菲尔德认为，如果我们相信做数学是一种获得意义的过程；如果我们相信数学是一种动手的、经验的活动；如果我们相信数学是一种集体活动，需要合作解决一些问题，给出一些现象的尝试解释，并回头对这些解释进行加工；

如果我们相信数学学习是很有用的，而且数学的思维是很有价值的；那么，课堂教学就必须反映这些信念。因此我们必须创设一种学习环境，在这种环境中，学生能够积极地去体验数学。以上表明，数学活动是数学素质生成的主要载体，只有在数学活动中，主体才有机会体验数学、感悟数学和反思数学，并在具有应用数学的真实情境中，通过主体的数学活动使主体的数学素质表现出来。可以说，没有数学活动，数学素质就是空中楼阁。

（四）数学素质生成的环节：体验、感悟、反思和表现

现象教育学把知识理解为一种动态过程，认为要通过体验和理解、能动地建构才能形成知识。儿童要在个人经验的基础上发展生成问题的能力，建立自己的判断，学会批判、理性地思考。教育的首要问题应该是儿童的经历和体验是什么样子。生成学习理论认为，学习是一个主动的过程，学习者是学习的主动参与者，大脑并不是被动地学习和记录输入信息，而是有选择地去注意所面对的大量的信息或者有选择地忽视某些信息，并主动构建输入信息的解释和意义，从中做出推论。从心理学的角度来看："生命系统不是被动接受信息，而是主动筛选，脑内有些结构可以抑制外周信息，使之停止，不再继续传递。例如，脑的边缘系统有些结构是听觉意识的闸门，使无意义的听觉信息不进入听觉高级中枢，形成听而不见的情况，同样也有视而不见的情况，总之，边缘系统是控制外界无关信息进入意识的重要结构。脑的智力活动是洞察外来信息的过程，包括学习（选择有意义的信息）、记忆（有用信息的积累与贮存）以及经过思维活动（形成概念、推理、判断等等）再产生新的行为反应。"而且，数学素质的个体性和数学素质生成的主体性表明，数学素质的生成离不开主体的数学活动参与，这些参与表现为主体在数学活动中的体验、感悟、反思和在真实情境中的表现，是数学素质生成的关键环节。

1. 体验

体验是指参与特定的数学活动，主动认识或验证对象的特征，获得经验。实际上，体验一词，在不同的学科中有不同的含义。在哲学中，特别是生命哲学中，体验是指生命存在的一种方式，它不是外在的、形式性的东西，它是指一种内在的、独有的、发自内心的和生命生存相联系着的行为，是对生命、对人生、对生活的感触和体悟。在心理学中，体验是指一种由诸多心理因素共同参与的心理活动。体验这种心理活动是与主体的情感、态度、想象、直觉、理解、感悟等心理功能密切结合在一起的。在体验中，主体不只是去认知、理解事物，还通过发现事物与自我的关联而产生情感反应和态度、价值观的变化。

学生在数学学习过程中，通过对数学本质属性的认识，亲身感受数学的抽象性、数学的广泛应用性。这里强调的是学生在学习过程中的主动体验，强调学生的亲身体

验，强调学生的亲历性。荷兰著名的数学教育家弗莱登塔尔指出，"如果不让他经受足够的亲身体验而强迫他转入下一个层次，那是无用的，只有亲身的感受与经历，才是再创造的动力。"

张楚廷教授对体验和素质的观点有：①体验是在与一定经验的关联中发生的情感融入与态度生成，它是包括认知在内的多种心理活动的总和。②体验的价值在于使人在必然的行动中超越行动，在不可缺少的物质基础上达到精神，在永远存在变化之中感悟到永久。体验产生的不只是观念、原理，也产生情感、态度与信仰。③一个人良好的素质是一种内在之物，它的形成有一个内化的过程，既有认知心理也有非认知心理在起作用，必须经过体验才能达到人的心灵最深处，经过体验才真正谈得上素质。④教学过程不仅仅是一个特殊的认识过程，而且是一个特殊的认知、感受和体验的过程，教学不仅要使学生认识到，而且要让学生感受到、体验到。⑤学校和教育者的责任不仅在于使学生深入认识到体验的作用，而且在于创造良好的条件，以便于学生体验，便于他们的体验朝着积极的方面发展。

数学体验的生成决定其他数学学习的发生和保持。主体在数学学习活动中的良好体验是数学素质生成的起始环节。在数学活动中的体验有：①数学地发现和数学发现的体验。数学地发现是指学生在现实情境中，寻找数学化的关系，自我地提出数学问题或者理解现实情境。在这个过程中要体验数学与现实生活的紧密联系，体验数学在现实生活中的广泛应用性，体验"数学的思维"。数学发现通常就是我们所说的"再创造"，是已有数学知识的发现过程。这个过程中要体验数学家工作的过程，以及在数学发现中的一些数学思想方法的作用。②数学思想方法的体验。数学思想方法可以分为两个方面：数学中的科学方法和数学特有的方法。前者是科学研究通用的方法，如归纳、演绎、类比、综合、分析等；而数学特有的方法有公理化方法、数形结合、数学模型等。③数学审美的体验。从数学角度体验简洁美、和谐美、奇异美等。④数学精神的体验。从数学的角度质疑、求真、求美、创新等。

2. 感悟

感悟就是有所感触而领悟或者醒悟，是在认知、理解、体验的基础上的自我觉醒，是一种综合性的生活形式，它包含着认知、理解、体验。从心理学的角度来看，感悟既有感性认识的成分，又有理性认识的成分，还有直觉的成分；既有理智的成分，又有情感的成分；既是认识的过程，又是实践的过程。感悟是人的自我意识的内在活动，它从来就不可能被给予。感悟是人的生存的一种境界，只有发挥了主体性的人，才能在处理与自然事物、社会事物的关系过程中有所感悟。没有主体性的人，就不可能有感悟。

数学感悟来自数学活动中，通过对数学的接触和体验形成对数学活动的认识，不仅包括数学学习的方法、数学知识的应用、数学技巧的掌握、数学活动过程等，还有对数学本质的领悟。在数学学习中，它很早就被中国古代数学家所提出。刘徽就在《九章算术》中说："自幼习《九章》，长在详览。观阴阳之割裂，总算术之根源，探赜之暇，遂悟其意。"

由于不同的学习者对数学活动参与不同、体验不同，形成对数学感悟的差异比较明显。但是，必须明确的是数学感悟不是教出来的，而是在教师的引导下自然、自发地形成的，是在数学体验的基础上形成的。但是，学生所从事的数学活动对数学感悟的形成极为重要。下面是笔者在多年的数学活动中形成的数学感悟。

学习数学，感悟最深的便是得多练，不过练的前提是要先掌握好基础知识，这样才能更好地把知识点落实好。多练要有讲究，不要专挑有挑战性的题目练，基础题也应适时多练，这样的好处是：①便于巩固所学知识，使之不易遗忘；②便于由易到难，富有学习逻辑性；③能够熟练地解决考试时的基础题，为考试赢得时间，去解决稍难或较难的题目打下基础。多练便会碰到许多不懂的问题，这时你不应直接去问老师或同学，而应该把这些问题归类，看它属于哪种类型。如果这样还是思考不出的话再去请教老师或同学，但不用每道题都去问，这样可起到既省时又能总结知识点的作用。训练的过程中一定会出现许多解题错误或方法错误，最好的方法是收入错题集，把错的题目或无从下手的题目中具有代表性的记在一个本子上，并不时地翻开看看，有时也可重新做做这些题目，这样便于巩固一些经典的解题方法，也巩固了许多知识，还起到了强化的功能。解答一道题，不仅要关注结论，更应关注其解题过程，在碰到一些好的题目、难的题目时，可以写下它的分析过程，这样时间久了，再翻看，便于记忆理解。总之，学习数学，多练是最重要的。

在数学教学中过于强调数学的练习必然导致学生对数学感悟的片面性。如果学习者对数学的感悟只是多练，将会阻止数学素质的生成，因为数学素质强调在真实情境中学生的数学精神、数学思维、数学思想方法、数学应用和数学知识素质的表现。所以，在数学活动中对数学形成感悟是数学素质形成的必要环节，只有使主体感悟到数学与现实生活的紧密联系，从数学的角度思考现实生活问题的重要性时，主体才可能会在现实或者真实情境中应用数学知识与技能，并从不同层面促进数学素质的生成。

3. 反思

反思也称为反省，指反省、返回、沉思等。西方哲学中通常指精神（思想）的自我活动和内省方式。洛克认为反思（反省）用以指知识的两个来源之一。反省是心灵以自身的活动作为对象，进行反观自照，是通过感觉形成的内部经验的心理活动。黑格尔认为反思具有多种用法与含义：①反思与知性思维相同。知性是用有限的抽象思维形式把握真理，由此造成自相矛盾，不能把握活生生的事实。而反思的范畴是各个独立有效、可以离开对方而孤立地理解的，与反思同义。②反思与后思相同。他明确地说："后思也即反思。""只有在哲学的反思里，才将'我'当作一个考察的对象。"

这里的反思是指后思。③指处于知性和消极理性之间的阶段。反思是知性思维通向理性思维的桥梁。④反思与异化也有联系。反思指思维主体将它自己异化为自己的对象，并从异化中返回自身。马克思主义在唯物主义立场上借用这一术语，用以指人们在实践活动的基础上对获得的感性材料进行思想加工，使之上升到理性认识的过程。对事物的反思，就是对事物的思考。恩格斯在批判形而上学时指出："这些对立和区别，虽然存在于自然界中，可是只具有相对意义，相反地，它们那些想象的固定性和绝对意义，只不过是由我们的反思带进自然界的。"反思还表现在思考自己的思想、自己的心理感受，描述和理解自己体验过的东西，即自我意识。

在教育学中，杜威认为："没有某种思维的因素便不可能产生有意义的经验。极力倡导'反省思维'，这种思维乃是对某个问题进行反复的、严肃的、持续不断的深思。"反省思维包括五个要素、步骤或阶段：第一，问题的感觉——在一个真实的经验的情境中，令人不安和困惑的问题阻止了连续的活动；第二，问题的界定——使感觉到的（直接经验到的）疑难或困惑理智化，成为有待解决的难题和必须寻求答案的问题；第三，问题解决的假设——占有知识资料，从事必要的观察，以对付疑难问题；第四，对问题及其解决方法的逻辑推理——从理智上对假设进行认真推敲，以检验解决问题的方法的有效性。

数学素质的生成离不开反思，荷兰著名数学教育家弗莱登塔尔指出："反思是数学思维活动的核心和动力""通过反思才能使现实世界数学化""只要儿童不能对自己的活动进行反思，他就达不到高一级的层次"。美籍匈牙利数学教育家波利亚也说："如果没有反思，他们就错过了解题的一个重要而有效益的方面。"我国学者涂荣豹教授提出了反思性数学学习，他认为："反思性数学学习就是通过对数学学习活动过程的反思来进行数学学习。可以帮助学生从例行公事的行为中解放出来，帮助他们学会数学学习，可以使学生的数学学习活动成为有目标、有策略的主动行为，可以使学习成为探究性、研究性的活动，增强学生的能力，提高个人的创造力，可以有利于学生在学习活动中获得个人体验，使他们变得更加成熟，促进他们的全面发展。"

所以，反思不仅仅是一种结果，更为重要的是一种过程。数学素质的生成中，反思是在体验、感悟的基础上对数学活动的思考，是在数学活动中对自己所经历的数学活动过程的反思，反思自己的数学活动、反思自己的数学体验和感悟，即"对自己的思考过程进行反思，对活动所涉及的知识进行反思，对涉及的数学思想方法进行反思，对活动中有联系的问题进行反思，对题意理解过程进行反思，对解题思路、推理过程、运算过程、语言的表述进行反思，对数学活动的结果进行反思"。

4. 表现

要真正把握一个人的素质，最可靠的办法还是中国的一句老话："听其言，观其行。"所以，一个人的言和行是表现自身素质的重要途径。实际上，表现与内在情感活动有关，表现即内在情感的外部表现。在《现代汉语词典》中，表现有两层含义，一是表示出来，二是故意显示自己（含贬义）。许多"人类行为"都可以称为一种表现。

在数学学习中，表现是指在对数学的体验、感悟、反思的基础上，在真实的情境中把所体验、感悟和反思的结果表现出来。即"学以致表"，就是要由内而外，将个体内在的良好素质充分地外化出来，让别人（也包括表现者本人）能够清晰、具体地感受到，直观形象地观察到。正如有人指出的，"各种表现行为便是这整体人类实践中的最微妙的成分，因为人类对它们的使用不是随意的，而是根据它们在一个变化无穷的环境（其他事物和其他人群组成的环境）中的作用和地位被使用着。因此，表现作为手段，既是实践的构成成分，又是实践的丰硕果实，它同人类的知觉能力、思维能力和想象能力一起成熟起来，都是人类无数实践活动在心理结构中的积淀，它的外在表现是本能的、无意识的，实质上却是实践的智慧结晶。"

表现是数学素质生成的最后环节，也是最为关键的环节，数学素质充分表现出来并用于理解现实情境或者解决现实情境中存在的问题。如果表现不出来的就不是数学素质，也就是知识与能力没有转化为素质，也就是通常所说的"有知识，没素质"。实际上，"课程知识不仅仅是用于'储藏'以备未来之用的，而且是用来改变学习者的当下的人生状况的。学习了科学知识，就应当有科学的生活态度；学习了社会知识，就应当提高自己的社会交往和实践能力；学习了人文知识，就应当对人的存在、价值和意义有新的认识和理解"。也就是说，数学学习的结果就是要使人的思想和行为的表现有所变化，通过其表现来展示自身的数学素质。

数学素质的外显性的特点最终要通过学生在真实情境中的活动来表现。洛克认为："任何人从事任何事情，都以某种看法作为行动的理由，不论他运用哪种官能，他所具有的理解力都不断引导他，所有活动能力，不论真伪，都受这种看法的指导，人们的观念、意象才是不断控制他们的无敌的力量，人们普遍地顺从这种力量。"正如有学者描述的："一个有数学思维修养的人常常表现出如下特点：在讨论问题时，习惯于强调定义（界定概念），强调问题存在的条件；在观察问题时，习惯于抓其中的（函数）关系，在微观（局部）认识基础上进一步做出多因素的全局性（全空间）考虑；在认识问题时，习惯于将已有的严格的数学概念如对偶、相关、随机、泛函、非线性、周期性、混沌等概念广义化，用于认识现实中的问题。"数学素质是否生成，就要看学生在真实情境中的表现，需要学生对数学活动体验、感悟和反思的结果在具有真实情境的问题中表现出来。所以，表现环节决定了数学素质的最终生成。

可以说，体验、感悟、反思和表现构成一个四元素的环形网状关系。其中，数学素质的生成从学生对数学的体验开始，这种体验包括学生的数学活动经验，学生有了体验才可能有感悟、反思和表现的内容；感悟最初来源于学生的数学活动体验，在体验中感悟数学活动；同时，学生在真实情境中的表现也是学生感悟的一个重要方面。

反思既有对数学体验的反思，也有对数学感悟的反思，更有对自身在真实情境中的表现的反思。表现是数学素质生成的最终环节，是数学素质超越的起始环节，表现的内容是对数学体验、感悟、反思的结果。表现也是数学体验、感悟和反思的主要内容。通过在真实情境中的表现，学生将会获得在真实情境中数学素质表现的体验并验证自己的感悟和反思，从而更新自己的体验、感悟和反思的结果。基于以上的分析，可以发现体验、感悟、反思和表现是数学素质生成的重要环节。

（五）数学素质生成的标志：个体成为数学文化人

数学素质最终生成体现在个体的身上，使个体成为有教养的数学文化人。所谓有教养的人，即按照一定时代的理想所陶冶的人，在他那里，观念形态、活动、价值、说话方式和能力等构成了一个整体，并成为他的第二天性。所谓文化就是以"文"化"人"。而数学是一种文化，在个体学习的过程中就会发生个体文化内化的现象。所谓个体文化内化是指特定文化圈中的个体，在一定的社会文化教化和熏陶之下，将文化的模式内化为心理的过程，形成自己的独特模式，最终成为所属文化圈中的成员的过程。这是一个终身的过程，受特定文化和个体主观条件两方面的影响。从文化同化的角度来看，在某种文化的个体或者群体吸收并融入另一种文化的过程中，同化者常常接受了新的文化要素而逐渐失去原来的文化特征，并与新的文化环境中的成员在行为模式上相似。数学学习中，主体在体验、感悟、反思结果以及在真实情境中表现出综合性特征，直至最终成为数学文化人。其类同于和田秀树描述的"数理人"，真正的数理人是有数学头脑，思考与处理事情的角度和方法不同于情绪应对的人。也就是，以所受数理科学知识训练为基础，并进而运用理性思考的人。这里所说的数学头脑，基本上不是情绪性的思考，而是根据数字分析状况，从概率的角度考虑问题。看了统计数字后，还会进一步思考："照这种趋势，接下去应该会……展示的是单纯的相关关系，还是因果关系呢？"注意，不要被数字欺骗了。平均数跟众数是不一样的，跟中位数也不同。想一想哪个数字跟实际情形最符合，这样便能够掌握全局。同样，也不要因为别人引用数字就被吓唬住。毕竟数字最客观，大家都会以自己的数字做根据，所以每个人都需要具备客观的、看透数字的能力。还有，不要盲从于毫无根据的数字，即使数字有其出处也不要轻易相信，如果连对自己提出的数字都会习惯性地怀疑，就证明你已经拥有数学头脑了。

一个数学文化人的综合性特征是由一系列的品质和能力构成的，具体是指数学素质整体性表现出来的特点：第一，一个具有数学素质的人具有数学所具有的科学精神和人文精神，即从数学的角度求异、求真、求美、求善以及实事求是的精神，表现出数学地、理性地理解、分析和把握面临的情境。第二，一个具有数学素质的人能从数学的角度把握面临的情境，并试图数学化，从而抽象出数学。第三，在确定数学关系之后，就会选择合理的数学思想方法去处理。第四，最终表现为调动或者选择合理的数学知识与技能给出一个解决办法。第五，具有数学素质的人的一个显著特点是，把这种结果合理地与情境联系起来，校正解决的方案，使之符合现实情境。所以，一个人是否有数学素质不仅仅是有数学知识，更为重要的是在有数学知识的基础上，应该具有数学精神，并能够从数学的角度思考问题，选取合适的数学思想方法并合理选取合适的数学知识、技能以及数学工具。

基于上述分析，我们可以得出数学素质生成的基础与源泉是学生已有的数学经验；数学素质的生成需要具有真实情境的问题；数学素质的生成以数学活动为载体，并经历体验、感悟、反思和表现等环节，最终以成为数学文化人为标志。这个生成过程具有过程性、超越性和主体性特征。

第三节　我国学生数学素质的教学现状及影响因素

一、数学素质的教学现状

（一）从数学素质的综合性来看，注重数学知识的教学，忽视学生数学素质的全面生成

数学知识是数学素质的主要内容之一，但不是数学素质的全部。学生在再忆型问题上的解答好于联系型和反思型问题。再忆型问题要求学生再忆已有的数学知识与技能，执行常规性的运算，对数学公式及其性质进行回忆等。联系型和反思型问题是学生的数学思想方法素质、数学的思维素质和数学精神素质的表现。联系型问题要求学生从数学的角度理解、解释和说明自己做出与情境紧密联系的数学表征，实际上就是数学的思维素质以及数学的思想方法素质。我国学生对数学知识的记忆明显好于数学知识与现实情境的联系以及反思等。从数学美体验、数学的思想方法问题角度来看，我国学生比较缺乏数学美以及数学思想方法的知识，原因就在于我国很多数学教师缺乏数学思想方法和数学美知识。而如果没有数学美的知识，那么欣赏数学美就是一句空话。从数学知识领域来看，数学知识领域之间的差距不大。由此可以看出我国注重数学知识的教学，忽视数学素质的全面生成。

（二）从数学素质的境域性来看，注重数学知识与技能的常规应用，忽视在具有真实的、多样化的、开放性问题情境中的应用

数学素质的境域性强调数学素质生成中情境的重要性。新一轮数学课程改革中，强调知识与现实生活的紧密联系，并在数学教学中也引进了大量的数学应用题目，在

一定程度上加强了学生数学应用素质的提高。但是，我国学生比较擅长数学知识与技能的常规应用，例如，给出数学公式，然后按照公式的要求代入解决问题等，却不擅长在具有真实的、开放的、多样化的问题情境中表现，如陆地面积、海洋面积等。这一结果与蔡金法的研究结果是一致的，中国学生在不同的任务上有不均衡的表现——在那些评价计算技能和基础知识的任务上的表现要好于那些评价开放的复杂问题解决任务上的表现。

（三）从数学素质的生成过程来看，注重数学问题的解决，忽视学生对问题解决以及对数学的体验、感悟、反思和表现能力的引领

数学素质的生成依赖于数学教学过程，从数学学习结果的反思中可以看出，我国数学教学注重数学知识的变式训练，教材中大量的纯粹数学知识与技能的变式训练、与之配套的练习册也是纯粹数学知识与技能的变式训练，而没有帮助学生形成对数学良好的体验、感悟和反思。可以说，我国学生缺少良好的数学体验，缺乏对问题解决过程的理性反思和感悟能力的引领。学生不能很好地从数学的角度有根据地解释和说明自己的判断。这一结果与蔡金法先生的研究是一致的，蔡金法先生通过研究学生数学思维的特征发现，中国学生在计算阶段要胜过美国学生，但在意义赋予阶段不如美国学生。另外，中国学生在计算阶段的成功率要明显高于他们在意义赋予阶段的成功率。

（四）从数学素质生成的课程资源来看，注重课堂教学，忽视在社会生活中应用数学的引领

数学素质的表现需要学生走出课堂，不局限于教材，从"使用数学经历"的问题中可以看出，学生举出使用数学的例子基本上来自教材，而来自现实生活的数学例子较为贫乏。数学素质要求学生在真实情境中表现出具有数学素质的行为，而具有真实情境的问题要求学生走入现实社会生活才能找到数学的应用。然而，我国数学教学中缺乏来自现实生活的情境问题的设计。

二、影响数学素质生成的教学因素及其分析

尽管数学教学不是促进数学素质生成的唯一因素，但是学校教育中数学素质的生成却离不开教学。当然，数学素质的生成更离不开主体本身。下面主要从学生学习数学的动机、信念与态度、学习策略、学习方式以及教师的帮助、师生关系和学习风气等多个角度来分析这些因素与数学素质的关系，以期有助于数学素质生成和教学策略的构建。

（一）学习动机对数学素质生成的影响

学习数学的动机包括学习数学的兴趣和使用数学的动机。大量的研究证实，动机对学习有推动作用。一般来说，具有高水平动机的学生，其学习成绩就高；反过来，高水平成就也能导致高水平动机。数学学习兴趣和使用数学的动机与数学素质正相关，但相关性不显著，甚至有些调查结果显示对数学学习厌恶的学生，却保持着较高的数学素质。数学学习兴趣与使用数学的动机之间存在显著的相关性。在数学素质的生成中，学生学习兴趣的培养有助于激发学生使用数学的动机；反过来，使用数学的动机增强以后，又有助于学生学习兴趣的培养。所以，可以探讨提高学生的数学学习兴趣和使用数学的动机是否可以促进数学素质的生成。

（二）学习数学的态度和信念对数学素质生成的影响

学习数学的态度和信念包括数学自我效能感、数学自我概念和数学焦虑。数学素质与数学自我效能感、数学自我概念、数学焦虑存在显著的相关性，数学自我效能感和数学自我概念呈现显著的正相关，而和数学焦虑呈现负相关。研究表明，提高学生的自我概念水平有助于提高学生的学业成绩，学业自我概念可以通过一系列干预方法加以改变，改变学生的学业自我概念是提高学生学业成绩的重要途径。所以，有必要考虑增强学生的数学自我效能感和数学自我概念、减轻学生的数学焦虑是否有助于学生数学素质的生成。

（三）学习数学策略对数学素质生成的影响

学生的学习策略包括记忆策略、加工策略、控制策略等。记忆策略主要指学生对数学知识与一些过程储存于长时记忆或短时记忆的策略。加工策略是指将新旧知识建立联系的策略。控制策略是指学生对自身学习过程的调控和计划。研究表明，数学素质与记忆策略呈现负相关，而与加工策略和控制策略呈正相关，特别是与控制策略呈显著的正相关。这也表明数学素质的生成不是通过记忆。所以，改进学生的记忆策略，引导学生的加工和自我监控的能力值得在数学素质生成的教学过程中加以关注。

（四）学习数学的方式对数学素质生成的影响

按照学习过程中的组织方式，学习数学的方式可分为合作学习和独立学习（或者竞争性学习），不同的学习方式对学生有不同的影响。所以，有必要考察学生学习数学方式与数学素质的关系。研究表明，数学素质与竞争性学习呈正相关，而与合作性学习呈负相关。我国学生比较赞同竞争性学习，而对合作性学习却不太赞同。所以，在数学素质的生成中应该注重两种学习方式的共同引导。

（五）师生关系、教师帮助以及学习风气对数学素质生成的影响

师生关系、教师的帮助和学习风气一直是学生学习数学的重要因素，民主的师生

关系和良好的学习风气一直是学习成绩的促进剂。当然，学生的数学学习更是离不开教师的帮助。研究表明，数学素质的生成与教师的帮助呈负相关，而与师生关系和学习风气呈正相关，特别是与学习风气呈显著的正相关。因此，民主和谐的师生关系相对于教师的帮助和学习风气的建立更为重要。

（六）影响数学素质生成的教学因素之间的相关性

教学是一个整体性的活动，所以，既要分析影响因素与数学素质的关系，还应该分析影响因素之间的关系。研究表明，影响数学素质生成的教学因素之间呈现以下相关性。

（1）师生关系与教师的帮助、学习风气、数学学习兴趣、使用数学动机、数学自我效能感、数学自我概念、记忆策略、加工策略、控制策略、竞争性学习以及合作性学习呈显著的正相关，而与数学教学呈显著的负相关。

（2）教师的帮助与师生关系、学习风气、使用数学动机、数学自我效能感、加工策略和控制策略呈显著的正相关，而与数学教学呈显著的负相关。

（3）学习风气与教师的帮助、使用数学动机、数学自我效能感、加工策略、控制策略呈显著的正相关，而与数学焦虑呈显著的负相关。

（4）数学学习兴趣与师生关系、使用数学动机、数学自我效能感、记忆策略、加工策略、控制策略、竞争性学习和合作性学习具有显著的正相关，而与数学焦虑有显著的负相关。

（5）使用数学动机与师生关系、教师的帮助、学习风气、数学学习兴趣、数学自我效能感、数学自我概念、记忆策略、加工策略、控制策略、竞争性学习以及合作性学习呈显著的正相关，而与数学教学呈显著的负相关。

（6）数学自我效能感与师生关系、教师的帮助、学习风气、数学学习兴趣、使用数学动机、数学自我概念、记忆策略、加工策略、控制策略、竞争性学习以及合作性学习呈显著的正相关，而与数学教学呈显著的负相关。

（7）数学自我概念与师生关系、数学学习兴趣、使用数学动机、记忆策略、加工策略、控制策略、竞争性学习、合作性学习呈显著的正相关，而与数学教学呈显著的负相关。

（8）数学焦虑与师生关系、教师的帮助、学习风气、数学学习兴趣、使用数学动机、数学自我效能感、数学自我概念、记忆策略、加工策略、控制策略、竞争性学习、合作性学习呈显著的负相关。

（9）记忆策略与师生关系、数学学习兴趣、使用数学动机、数学自我概念、加工策略、控制策略、竞争性学习以及合作性学习呈显著的正相关，而与数学教学呈显著的负相关。

（10）加工策略与师生关系、教师的帮助、学习风气、数学学习兴趣、使用数学动机、数学自我效能感、数学自我概念、记忆策略、控制策略、竞争性学习、合作性学习呈显著的正相关，而与数学教学呈显著的负相关。

（11）控制策略与师生关系、教师的帮助、学习风气、数学学习兴趣、使用数学动机、数学自我效能感、数学自我概念、记忆策略、加工策略、竞争性学习、合作性学习呈显著的正相关，而与数学教学呈显著的负相关。

（12）竞争性学习与师生关系、数学学习兴趣、使用数学动机、数学自我效能感、数学自我概念、记忆策略、加工策略、控制策略、合作性学习呈显著的正相关，而与数学教学呈显著的负相关。

（13）合作性学习与师生关系、数学学习兴趣、使用数学动机、数学自我效能感、数学自我概念、记忆策略、加工策略、控制策略、竞争性学习呈显著的正相关，而与数学教学呈显著的负相关。

第四节　培养学生数学素质的教学策略及教学建议

一、数学素质培养的教学策略

下面从教学策略实施的基本理念、教学过程、教学内容、师生关系设计以及评价方式等方面构建培养学生数学素质的教学策略。

（一）以具有真实情境的问题为驱动，指向数学素质的各个层面

从数学素质的内容构成来看，数学素质包括数学知识素质、数学应用素质、数学思想方法素质、数学思维素质、数学精神素质。我国的数学教学现状表明：注重数学知识的教学，忽视数学素质整体的生成；注重数学知识与技能的常规应用，忽视在具有真实的、多样化的、开放性问题情境中的应用；注重数学问题的解决，忽视学生对问题解决以及对数学的体验、感悟、反思和表现能力的引领；注重课堂教学，忽视社会生活中应用数学的引领。所以，数学素质生成的教学必须以具有真实情境的问题为驱动，在具有真实情境的问题解决中以数学应用为核心，在数学应用的过程中引领数学精神素质、数学思维素质、数学思想方法素质和数学知识素质的生成。

具有真实情境的问题是指将数学真实地与现实世界结合起来，凸显数学在现实世界中的作用，使学生建立数学与现实生活相联系的问题。荷兰著名数学教育家弗莱登塔尔指出，"讲到充满着联系的数学，我强调的是联系亲身经历的现实，而不是人造的虚假的现实，那是作为应用的例子人为地制造出来的，在算术教育中经常会出现这种情况"。在数学素质生成的教学中，应该以具有真实情境的问题为驱动。

具有真实情境的问题能够使学生真实地体验、感悟和反思数学在现实生活中的作用，并且在具有真实情境问题的处理中，表现自身的数学精神素质、数学思维素质、数学思想方法素质、数学应用素质和数学知识素质。杜威的"做中学"的教学过程特别强调情境："第一，学生要有与他的经验真正相关的情境，也就是要有一个正在继续的活动，学生是由于对这种活动本身有着兴趣才去做的；第二，要能在这种情境中产生真正的问题，以引起学生的思考；第三，学生必须具有一定的知识和进行必要的考察，来处理这种问题；第四，学生把所想到的各种解决问题的方案，自己负责将它有序地加以引申和推演；第五，他们要有机会通过应用去检验他的各种观念，把他们的意义弄清楚，使自己发现他们是否有效。"斯泰恩概括了当前数学教学发展的两种模式：一种是认知心理学模式，指向数学理解；另一种是社会文化模式，通过让学习者成为一名数学实践共同体的成员，帮助其进行思维。其中，后一种模式的数学教学强调超越"对数学的结构、概念、程序和事实性知识的掌握"，注重"数学实践共同体解决问题过程中所包含的'心理习惯'：架构问题、寻找解决方案、表述猜想、将数学逻辑和数学推理作为自己进行推理的依据，注重通过对数学共同体的话语方式、价值观和规范的逐步掌握而成为数学的知识者、评价者、应用者和制造者"。社会文化模式的数学教学追求的主要目标在于使数学成为解决问题过程中强有力的工具，使学习者成为数学的实践者。数学公理、数学逻辑和推理方法要在解决现实世界问题的过程中彰显其意义。这种追求不仅远远超越了传统的程式化数学教学，就是与"做数学"相比也有不少独到之处，因为社会文化模式的教学要培养的不仅是数学思维，更有实践中的数学思维。所以，只有在具有真实情境的问题中，才会使学生面临不同方案进行抉择、质疑、反思、联系，而不是追求唯一正确的答案。但是，在当前的数学教学中，具有"假"情境的问题层出不穷。例如，为了说明"幂的运算在现实生活中的应用"，设计了问题："在手工课上，小军制作了一个正方体模具，其边长是 $4 \times 10^3 cm$，问该模具的体积是多少。"很显然，这是为了应用而应用。数学素质的生成需要使学生真实地体验和感受到数学与现实生活的紧密联系，首先感受的是情境的真实性，如果情境不真实，就会造成学生对数学与现实生活紧密联系的质疑。

数学素质生成的实践指向性表明，数学素质的生成是在认识真实世界、解决现实问题、完成真实世界的任务中进行的。因而，数学素质的生成是在数学与真实世界的联系中实现的。正如著名数学家柯朗所指出的："当然，数学思维是通过抽象概念来运作的，数学思想需要抽象概念的逐步精练、明确和公理化。在结构洞察力达到一个新高度时，重要的简化工作也变得可能了……然而，科学赖以生存的血液与其根基又与所谓的现实有着千丝万缕的联系……只有这些力量之间相互作用以及它们的综合才能保证数学的活力。"也就是说，"归根到底，数学生命力的源泉在于它的概念和结论尽管极为抽象，却如我们坚信的那样，它们从现实中来，并且在其他科学中、在技术中、在全部生活实践中都有广泛的应用，这一点对于理解数学是最重要的"。所以，无论是数学知识的获取，还是理解数学，无论是数学思想方法的掌握，还是数学思维的活力，都来自学生对真实情境问题的处理。

真实情境问题具有真实性和开放性，具备生成数学素质各个层面的条件。设计一个学习环境首先必须要明确需要学习什么，行为发生时世界情境是什么。接着，选择其中一个情境作为学习活动的目标。这些活动必须是真实的，它们必须涵盖学习者在真实世界中将遇到的大多数认知需求。因而要求在这一领域中进行真实问题的解决和批判性的思维。学习活动必须包含在真实应用情境中，否则结果仍将是呆滞的知识。所以，在数学教学中需要通过真实的活动方式进行探究性学习，从而在活动的真实层次上建构知识的意义，从各个层面生成数学素质。所谓真实的方式，就是要求学习者如同是在真实世界中的实践者一样，在主动探索、实践反思、交流、提高的过程中获得知识，使学生能够在"再创造"中体验数学家所经历的苦恼、克服困难的过程以及成功的喜悦，并感悟和反思数学的思想方法、数学思维和数学精神的生成过程。

（二）以多样化的数学活动为载体，引领学生的体验、感悟、反思和表现

数学素质的生成需要引导学生体验数学发现、质疑、数学问题解决、数学审美以及数学精神的熏陶，体验、感悟和反思结果，并在各种活动中表现出来。也就是说，"课堂教学应该关注在生长、成长中的人的整个生命。对智慧没有挑战性的课堂教学是不具有生成性的，没有生命气息的课堂教学也是不具有生成性的。从生命的高度来看，每一节课都是不可重复的激情与智慧综合生成的过程"。所以，数学素质生成的教学过程需要通过设计多样化的数学活动，引导和激发学生的体验、感悟、反思以及表现。

1. 数学发现的体验、感悟与反思

数学学习是一个经历观察、实验、猜测、计算、推理、验证等的学习过程。在这个过程中，数学发现的设计应该突出学生的经历和体验，引导学生体验和感悟数学的发现过程，在这个过程中既有对数学问题提出的体验、感悟和反思，也有对数学再创造的体验、感悟和反思。在这个过程中要强调数学家的工作的特点，强调学生的"再创造"，他们经历"做"的工作和数学家是一样的，使得学生了解数学家的工作。而对于数学家工作的理解和数学研究的理解也是数学素质的一个重要组成部分，因为一个公民应该了解科学家的研究活动和科学过程，只有这样，他才会相信科学。因为"在调查公众的科学素质时，是否知道科学家和他们的工作往往是其中的一个组成部分，一般来说，公众是不太了解科学家的工作和思想的，即使他们承认科学的重要性，也会由于专业和技术上的困难而难以理解。随着教育的普及和科学的传播，公众越来越希望了解科学和科学家"。而数学发现则是数学研究中最有价值的研究，正如爱因斯坦所言："提出一个问题往往比解决一个问题更重要，因为解决一个问题也许仅仅是一个

数学上或者实验上的技能而已。而提出新的问题，新的可能性，从新的角度去看旧的问题，却需要有创造性的想象力，而且标志着科学的真正进步。"从数学史的角度来看，数学发现推动了数学研究发展，一些数学家因为提出问题而闻名世界，比如，哥德巴赫猜想可以说家喻户晓，但是对在推进哥德巴赫猜想解决过程中的研究者们未必知道得很多。数学发现主要有两个方面：一是现实世界中数学关系的发现，现代日益增多的应用数学分支就足以说明这个问题；二是数学问题、定理或者猜想的发现。"问题是数学的心脏"已经涵盖了数学发现在数学发展中的地位和价值。

在有效的教学中，需要有价值的数学问题引出重要的数学概念，并巧妙地吸引和挑战学生来思考这些问题。问题选择恰当，有利于激发学生的好奇心，从而使他们喜欢数学。数学问题可能和学生的现实经验有关，也可能来自纯数学内容。不管情境如何，有价值的数学问题应该是引人入胜的，需要认真思考和努力进取才能完成的。所以，在数学教学中，应该从两个方面进行设计：

（1）数学知识的发现。相对于现实生活中数学关系的发现而言，数学知识发现的教学引领相对比较容易，因为对于学生来讲，这是"二次发现"或者"再创造"。因此，在数学教学中，教师呈现给学生的不应是静态的数学知识，而应是数学知识产生的背景——数学情境。教师通过根据数学课程中的知识点创设数学情境，和学生共同经历数学知识的发现、体验、感悟和反思过程，使学生在学习数学的过程中实现数学的"再创造"，在做数学中学数学，重走数学家发现数学知识之路，从而实现对数学的真正理解。

（2）现实生活中数学关系的发现。从阐述数学在现实中有广泛应用的论文或者专著中知道，数学在现实生活中有广泛的应用性是不容置疑的。但是，真正使学生体验到数学在现实生活中广泛应用的例子并不是很多。笔者认为很少给学生发现现实生活中数学关系的机会是造成这一现象的直接原因。所以，设计来自现实生活中数学应用的例子就成为数学教学的关键。设计的案例目标在于学生数学素质的生成，使学生亲身体验从数学的角度理解情境，选取合适的数学思想方法，并用数学知识与技能解决问题的过程，感悟数学与现实生活的紧密联系，反思如何在现实生活中应用数学知识与技能。

实际上，"思考的活动不是在获得课程内容的智能之后才出现的，而是成功的学习过程中整体的一部分，因此课程内容须能挑动思考的灵感，即使最不起眼、最基本的课堂教学情境，亦可启发思考的泉源"。

2.数学成功的体验、感悟与反思

数学素质生成的影响因素表明，学生的数学自我效能感和数学自我概念与数学素质具有显著的相关性，数学成功的体验不仅使学生对数学产生兴趣，而且有助于提高学生的自我概念和学生的自我效能感，反之亦然。数学成功包括问题解决成功，也包括数学问题发现的成功和实际生活问题"数学化"的成功。实际上，学业自我概念与学业成就是相辅相成的，学业上的成功能够促使积极的学业自我概念的形成，而积极的学业自我概念又会对学生的学习起到一种推动作用，促进学生的学习，提高学生的学业成就。国外有不少研究表明自我效能与学业成绩呈正相关。班杜拉 1981 年的研究发现，那些对数学毫无兴趣、数学成绩特别差的学生，经过一段时间的训练后，他们的成绩和自我效能感都显著地提高了，而且，觉察到自我效能感与数学活动的内部兴趣呈明显的正相关。舒恩克 1984 年的研究和约翰 1987 年的研究都表明，学生的自我效能感水平可以准确地预测学生的学业成就水平。国内也有研究者通过实验研究发现，自我效能感不仅与学习成绩呈正相关，而且，在教学实践中通过一定的方法和措施也是可以改变和提高的。有关自我效能感和学业成就的研究表明，以下几种情况，学生在学校的成绩会得到提高，自我效能感也得以增强：①采用短期目标以更容易看到进步；②教学生使用特定的学习策略，如写提纲或写总结这种有助于精力集中的策略；③不仅根据参与情况，而且根据行为表现来给予奖励，因为奖励标志着能力的提高。实际上，对于学生来说，他用最宝贵的时间参与教学活动，如果从来没有成功的体验，那么他的一生是遗憾的。但是，学生体验了刻骨铭心的成功，并在体验的基础上感悟和反思后，将对学生数学素质的提升极为重要。

　　3. 数学审美的体验、感悟与反思

　　数学的审美体验、感悟和反思是数学素质生成的情感因素之一。因为独特的审美感对数学创造力具有重大的价值。庞加莱曾描述过数学家所体验到的那种真正的美感："一种数学的美感，一种数和形的和谐感，一种几何的优美感。"雷韦斯说："数学家之所以要创造，是因为精神构成物的美给他带来的快乐。"所以，对数学审美的体验、感悟和反思能够形成对数学家追求美和数学所涌现出的科学美的体验，有助于形成数学科学的人文精神素质。

　　要学生能够审美或者体验、感悟和反思数学美的前提是要使学生知道"数学美是什么"，即"要获得审美的精神享受，就要求有审美的修养。没有必要的审美修养，就不可能具有审美的能力，就不可能获得应有的审美享受"。一般认为，科学美的表现形态有两个层次，即外在层次与内在层次。按照这两个层次把科学美分为实验美与理论美（或称内在美、逻辑美）。实验美主要体现在实验本身结果的优美和实验中所使用方法的精湛上。理论美主要体现在科学创作中借助想象、联想、顿悟，通过非逻辑思维的直觉途径所提出的崭新的科学假说，经过优美的假设、实验和逻辑推理而得到的简洁明确的证明以及一些新奇的发明发现上。理论美的范畴有和谐、简单和新奇。数学美属于科学美，所以具有科学美的属性与特点。由于数学在抽象性程度、逻辑严谨性以及应用广泛性上，都远远超过了一般自然科学。所以，数学美又具有其自身的特征。从数学发展史来看，"无论是东方还是西方，在古典数学时期，表现出来的数学美主要是以均衡、对称、匀称、比例、和谐、多样统一等为特征的数学形态美以及数学语言美，但都是外层次的、低层次的。对于数学内层次的内在美（神秘美）没有论及，或论及甚少而且又很肤浅。17 世纪以后，特别是 20 世纪开始，对于数学理论审美标准有了比较一致的看法:统一性、简单性、对称性、思维经济性""无论是按照数学美的内容，将其分为结构美、语言美与方法美，还是按照数学美的形式，将其分为形态美与神秘美，其基本特征均为：简洁性、统一（和谐）性、对称性、整齐性、奇异性与思辨性"。

在数学教学中，结合数学教材内容进行审美知识的介绍以及数学审美的引领，只有这样才可以使学生知道"什么是数学美"和"怎样从数学的角度审美"。正如著名数学教育家罗增儒教授指出的，"数学教学与其他一些突出欣赏价值的艺术不同，它首先要求内容的充实、恰当，这是前提，在这个基础上还要花大力气去展示数学本身的简单美、和谐美、对称美、奇异美。这些讲授魅力是最本质的因素，也是艺术发挥的最广阔空间。'从教材中感受美、提炼美，并向学生创造性地表现美，应该是教师的基本功'"。比如，数学的简洁美，我们经常见到"化简"，但是很少给学生说明，这就是追求简洁美的一个过程。在多样化解题中，我们可以渗透简洁美的教育。"可以通过以下几个方面寻找更美的数学解：①看解题过程多走了哪些思维回路，通过删除、合并来体现简洁美。②看能否用更一般的原理去代替现存的许多步骤，以体现解题的奇异美。③看能否用更特殊的技巧去代替现有的常规步骤，以体现解题的奇异美。④看解题过程是否浪费了更重要的信息，以便开辟新的解题通道。"

可以看出，数学美的生成是数学素质很重要的内容，学生只有体验到数学美、感悟到数学美的真谛，反思数学审美结果，才有可能从数学的角度思维，才有求真、求美的过程，这是数学思维素质和数学精神素质生成的关键。

4.多样化的数学学习方式的体验、感悟和反思

数学素质生成的教学过程离不开对学生的学习方式的设计和引领，而且，数学素质的生成也离不开学生的学习。从数学素质生成的影响因素中可以发现，学生的学习方式与数学素质的生成是正相关的。所以，多样化的学习方式体验、感悟和反思的引领有助于学生数学素质的生成。当我们只是强调一种狭窄的理性认知模式时，我们就转向了经验的重力中心，因而，我们没有学会如何去看、去听、去感知，也就是说，没有学会如何去表达我们的感受。而数学素质的生成环节表明，数学素质的生成需要设计有助于学生体验、感悟、反思以及表现的过程。

按照学生参与的特点（是否是主动的、积极的以及自主的）把学生的学习方式分为自主学习和他主学习；按照内容的呈现方式可以分为接受性学习和探究性学习；按照组织方式可以分为合作性学习和独立性学习，或者合作性学习与竞争性学习；新一轮基础教育课程改革倡导自主、合作、探究的学习方式。实际上，任何一种学习方式在不同的年龄段、不同的内容以及不同的学生特点作用不同，这与学生自身的特点直

接有关。但是，需要学生体验不同的学习方式，并从不同的学习方式中获得不同的发展。自主学习的特点是积极的、主动的、自我监控的、非依赖性的，而数学素质生成的主体性要求学生数学学习是积极的、主动的、自我监控的，特别是控制策略与数学素质的生成具有显著的正相关。

探究性学习的特点是问题性、探究性、过程性、开放性。在数学素质的生成中，探究性学习有助于学生形成从数学的角度思考问题、探究问题、解决问题，在这个过程中有数学精神素质、数学思维素质、数学思想方法素质以及数学应用素质的生成。从影响数学素质生成的教学因素之间的相关性可以发现，数学素质的生成与竞争性学习和合作性学习呈显著的正相关。我国学生在数学学习中并不缺乏竞争性学习的体验，却缺乏合作性学习的体验。在数学素质的生成中应该强调两种学习方式的使用，特别是合作学习中，应该注重学生数学学习的交流。对我国学生的数学素质现状的调查表明，我国学生不擅长解释和说明自己的思维过程和问题解决的方法。所以，多样化学习方式的设计有助于学生数学素质的生成。

5. 数学思想方法、数学思维和数学精神的体验、感悟和反思

根据有关调查，我国大多数公民对于基本科学知识了解程度较低，在科学精神、科学思想和科学方法等方面更为欠缺。而数学精神素质中蕴含了一般的科学精神、科学思想和科学方法。对我国学生数学素质的现状调查表明，与数学应用素质相比，学生更为缺乏数学思想方法素质、数学思维素质以及数学精神素质。所以，从不同层面进行数学素质生成的教学过程使数学素质生成的教学策略具有针对性。

日本著名数学家米三国藏认为："以我之见，在给学生讲授数学定理、数学问题时，与其着眼于把该定理、该知识教给学生，还不如从教育的角度让学生利用它们：①启发锻炼学生的思维能力（主要是推理能力、独创能力）。②教给学生发现问题的定理、法则的方法及其练习。③教给学生捕捉研究题目的着眼点以及鼓励学生的研究心理。④使学生了解，在杂乱的自然界中，存在着具有美感的数量关系，从而培养学生对数学的兴趣。⑤再通过应用数学知识，使学生了解数学的作用，同时，通过应用所得的数学知识，还有利于培养学生对数学的兴趣，就会促进数学精神的活动，有益于数学精神的培养。"

郑毓信教授指出："我们不应以数学思维方法的训练和培养去取代数学基本知识和技能的教学，而应将思维方法的训练和培养渗透于日常的数学教学活动之中，也即应当以思想方法的分析去带动、促进具体数学内容的教学。因为只有这样，我们才能真正把数学课'讲活''讲懂''讲深'——所谓讲活是指教师应通过自己的教学活动为学生展示出活生生的数学研究工作，而不是死背数学知识；所谓讲懂是指教师应当帮助学生真正理解有关的数学内容，而不是囫囵吞枣、死记硬背；所谓讲深不仅应使学生掌握具体的数学知识，而且也应该帮助学生学会数学的思维。"

对我国学生学习现状的调查结果显示，学生缺乏数学思想方法的知识，没有形成数学的思维习惯以及质疑数学的态度。从数学素质的生成机制的讨论中可以发现，数学素质生成的源泉和基础是数学的活动经验（包括知识）。所以，要养成各个层面的数学素质就必须使学生具有与之对应的数学活动经验。在有这种数学活动经验的基础上，在数学活动中体验、感悟和反思这些活动经验的结果，把这种结果表现在真实情境中。为此，在数学教学设计中，要针对数学素质的层面，首先，要引导学生发现或者介绍与之对应的数学思想方法、数学的思维以及数学精神的知识以形成与之对应的数学活动经验。比如说，在当前的数学教学中，都是渗透数学思想方法，但没有明确地说明这些数学思想方法和这些数学思想方法的特点以及使用的过程与步骤，这样会使学生有朦胧的体验，但不明确是什么，不利于学生数学思想方法素质的生成。其次，在数学教学中，通过数学活动引领学生对这些活动经验的体验、感悟和反思。最后，通过设计真实的、开放性的数学活动激发学生数学素质的生成。著名数学家辛钦在强调培养学生的思维素质时，描述了学生体验完整的论证的教学过程："在研究数学时，学生首次在自己的生活中遇到论证的要求，这使学生感到惊奇，使之疏远，它们对于学生来说似乎是不必要的，超过限度和苛求的。但日复一日，他们逐渐习惯于此了。"他认为，好的教师使这个过程更快、更有成效地完成。他教自己的学生相互评议，当其中之一在全班面前证明某个东西或者解某个题的时候，所有其他同学应紧张地寻找可能的反驳理由并很快地表达出来。而为这种反驳所诘难的学生，当他促使对方缄口不言的时候，不可避免地会尝试到胜利的喜悦。他清楚地感受到这一点时，他不可避免地要学会尊重这一武器，努力地使之时时刻刻备有它。当然地，不仅仅在数学里，在任何其他场合的讨论他都会越来越多地、越来越经常地努力进行完备的论证。

所以，需要在数学教学中设计与数学素质各层面对应的综合性的数学学习过程，在这个过程中，学生要有与之对应的数学活动经验，并在此过程中引领和激发学生的体验、感悟、反思和表现。

（三）以转变师生关系为手段，调适教师的帮助和学生的自主

从数学素质生成影响因素的分析中可以发现，数学素质的生成与教师的帮助呈负相关，与师生关系和学习风气呈正相关，特别是与学习风气呈显著的正相关。实际上，师生关系的设计包含了教师的帮助和学习风气。所以，数学素质生成的教学中，要以转变师生关系为手段，调整教师的帮助和学生的自主学习，使之适合学生数学素质的生成。

1. 教师指导与学生自我监控的调适

在数学素质生成的影响因素研究中，表明教师的帮助与学生的数学素质呈负相关。但是，数学素质的生成离不开数学教师，离不开数学教师的引领，而且教师也是影响

师生关系的重要因素。数学素质的生成中，要不断调适教师的指导和学生的自主学习，逐渐从"他主"走向"自主"。

数学素质的生成影响因素表明，学生的控制策略与学生的数学素质呈现显著的正相关。其他研究表明，学生的数学自我监控能力与学生的数学成绩具有显著的相关性，而且通过培养学生的自我监控能力有助于学生数学成绩的提高。传统的数学教学中"教师一讲到底"以及教师过多的干预，一定程度上剥夺了学生数学活动的独有的体验、感悟、反思和表现的机会，学生的学习依赖于数学教师的"他主"。而自主的主要特点是学生具有自我监控能力。所以，教师帮助的隐性化，培养学生的自我监控能力将会弱化教师的"一帮到底"，强化学生的自我监控，有助于学生数学素质的生成。在具有真实情境问题为驱动的数学教学中，教师的角色不再是讲授者，而是与学生一道合作探究，在合作探究的过程中，教师必须引导学生形成自我监控意识和能力。

著名数学教育家波利亚指出："教师最重要的任务之一是帮助他的学生。这个任务并不是很容易，它需要时间、实践、奉献和正确的原则。学生应当获得更多的独立工作的经验。但是，如果把问题留给他一个人而不是给他任何帮助，或者帮助不足，那么他可能根本得不到提高。而如果教师的帮助太多，就没有什么工作留给学生了。教师应当帮助学生，但不能太多，也不能太少，这样才能使学生有一个合理的工作量。如果学生没有能力做很多，那么教师至少应当给他一些独立工作的感觉。要做到这一点，教师应当谨慎地、不露痕迹地帮助学生，最好是顺乎自然地帮助学生。通过这样去做，学生将学到一些比任何具体的数学知识更重要的东西。"

实际上，所谓"教学"是指教师引起、维持或促进学生学习的所有行为。它的逻辑必要条件主要有三个方面：一是引起学生学习的意向，即教师首先要激发学生的学习动机，教学是在学生"想学"的心理基础上展开的；二是指明学生所要达到的目标和所学的内容，即教师要让学生知道学什么以及学到什么程度，学生只有知道了自己学什么或学到什么程度，才会有意识地主动参与；三是采用学生易于理解的方式。

在数学素质生成的教学中，教师要从对学生自我监控能力的培养和引领入手，使学生形成良好的自我监控能力。

2. 师生关系民主平等化的调适

在数学素质生成的影响因素研究中，表明师生关系与学生的数学素质呈现正相关。但是，我国学生在师生关系上的得分较低，表明师生关系有待改进。美国学者勒温和其同事以及后续关于教师领导方式的经典研究表明，教师的领导方式分为专制型、民主型、放任自流型，三者对学业成绩的影响不是最大，但对学校中的一般社会行为、学生的价值观、学习风格产生深远的影响。例如，民主型教师领导的课堂，学生们喜欢同别人一道工作，互相鼓励，而且独自承担某些责任；放任自流型的教师领导的课堂，学生之间没有合作，谁也不知道应该做些什么；专制型教师领导的课堂，学生推卸责任是常见的事情，不愿合作，学习明显松弛。现代脑科学研究表明，大脑皮层的活动状态主要有兴奋和抑制两种。学生在不适当的抑制状态下由于信息传递和整合受到影响，不仅难以接受教育、教学活动中的有用信息，在大脑皮层也难以正常传递和处理信息。因此，数学素质的生成需要民主、平等、对话的师生关系。

在数学素质的生成中，以具有真实情境的问题为驱动需要民主、平等、对话的师生关系，情境的真实性激发学生的探究和质疑的欲望，学习不再是压力和教师的传授。结论的开放性和多样性改变了答案唯一的教学情境，激发学生尝试成功和相互交流的积极性，摆脱了教师的权威性，使学生和教师平等，激发了学生之间和教师与学生之间的相互交流，从不同层面促进了数学素质的生成。

3. 教师教学责任与学生学习的责任性的调适

学习的责任性是指学习者对学习的个人对社会应尽的义务和责任有充分的认识和体验，表现为学习者对学习目标和意义的认识以及由此产生的对学习的积极态度和敬业精神。传统的数学教学过分强调教师的角色转变而忽视了学生的转变和学生学习的责任性，甚至鼓吹"没有教不好的学生，只有不会教的老师"，实际上，在影响因素的分析中，我们发现学生的控制策略与数学素质呈正相关，而教师的帮助与数学素质呈显著的负相关。所以在数学教学中，激发学生的责任心是数学素质生成中必须关注的问题。《美国学校数学教育的原则和标准》中提出："学生每年在学校学习数学并且对他们的数学十分投入，懂得为自己的数学学习负责。"

《角色和责任》一书中提出："教师每天的教学决定了他们的学生所学得的数学教育的效果和质量。但仅仅依靠数学教师是不够的，他们只是复杂的教学系统中的一个组成部分。其他成员——学生自身……负起责任。"对学生来说，"数学学习是很刺激的。给人以成就感的，有时也是很困难的。学生尤其是初、高中的学生，应该通过认真地研究各种资料并努力发现数学对象之间的关系，以提高数学学习的效率来尽他们的责任。如果学生积极配合并把他们的理解清楚地告诉他们的老师，那么教师就可以更好地针对学生的困难设计教学方案。这种交流要求学生记录和修正他们的思维，并学会在数学学习过程中提出好问题。在课下，学生必须抽出时间来学习数学。他们还必须学会利用网络这样的资源来解答数学疑难和提高学习数学的兴趣。当学生开始有职业理想意识的时候，他们可以初步调查一下这些职业对数学的要求，并对自己学校提供的课程计划进行考察，以确定这些课程计划是否能够为将来的职业做好准备"。

学生学习数学的责任感的养成有助于学生对数学作用的认识，才会激发学生数学学习的积极性。如果学生意识不到数学学习的责任性，不能把自己的数学学习与自己的生活、生命、成长、发展联系起来，数学素质就难以生成。换句话说，学生只有意识到数学在现实生活、科技发展以及自己将来职业选择中的作用，才会学习数学和应用数学，进而在学习和应用数学的过程中从不同层面生成数学素质。

（四）以数学在现实生活中的应用为依托，开发从教材走向社会生活的教学资源

课程资源是课程建设和教学的重要方面，数学素质的开放性表明数学素质的生成不能仅仅靠教科书和一些辅助性的练习册，需要在教学中不断建设。而数学素质生成的课程资源来源于真实的社会生活。杜威认为，教学不是学院式的，而必须与校外和日常生活中的情境联系起来，创设能够使儿童的经验不断生长的生活情境——"经验的情境"。

数学素质的开放性表明，数学教科书不能完全承担数学素质生成的课程资源。因为现在的数学书籍，不论是教科书还是参考书，也不论是大部分的著作还是论文，都仅仅记述了数学知识，可以说还没有一本论述数学精神、数学思想和数学方法的著作。所以，数学素质的课程资源需要数学教师和学生共同建设，共同挖掘社会资源中的开放性、真实性问题。

数学素质生成的课程资源分为几个方面：数学应用、数学思想方法、数学思维以及数学精神。数学应用方面应该开发一些充分利用数学知识与技能的真实性问题，提供者是数学教师和学生。数学思想方法的开发需要教师和学生一起在课堂教学或者现实生活中建构。每当有好的范例，教师就应不失时机地将它（数学的精神）教授给学生，并应反复地教学生，不限于数学，还将它应用于数学以外的问题。新西兰的贝格认为："一个理想的课程不仅包括数学内容的掌握和理解及数学能力的培养与发展，而且还要通过教育达到个人的、职业的，乃至人类整体的目的。如自尊心的发展、责任心、合作的态度与科学的精神等。"

正如《美国学校数学教育的原则和标准》中所描述的：我们生活在一个非常的、加速变化的时代。研究和交流数学的新知识、新工具和新方法不断地涌现和发展。在20世纪80年代初，为大众使用所生产设计的计算器仍然太昂贵了。但是现在，它不仅到处可见，价钱便宜，而且功能更强。日常生活和工作场所对理解数学和应用数学的需求变得前所未有的大，并且这种需求将不断上升。例如，生活中的数学。懂得数学使人们在生活中得到满足的能力。日常数学越来越需要数学和现代科技的支持。例如，制订采购计划、选择保险或健康计划、在投票中做出明智的选择，都需要数量方面的知识。

作为人类文化遗产一部分的数学，是人类文化和智慧成就中最伟大的一部分。人们应该具有理解和欣赏这一伟大成就的能力，包括对其美学及娱乐方面的理解和欣赏。

工作场合的数学。正像公众对数学的需求大大增加一样，从医疗保健到图像设计的各种专业领域，都越来越需要数学思维和问题解决能力。

科技领域的数学。尽管所有的职业都需要数学，但有的职业却是数学密集型的。

更多的学生必须通过教育这个途径为他们的终身职业，如成为数学家、统计学家、工程师和科学家做准备。具有真实情境的问题需要从教材走向社会，从社会不同的环境中寻找来自生活中的数学、作为人类文化遗产的数学、工作场合的数学、科技领域的数学等。所以，数学素质生成的课程资源需要走向社会，挖掘社会生活中不同层面存在的和应用的数学，激发和引领学生数学的体验、感悟和反思数学在现实生活中的应用，并在真实的情境中表现主体自身的数学素质。

（五）以真实的、多样化的、开放性的情境问题为工具，激发和引导学生数学素质的表现

数学素质的境域性表明数学素质评价需要与之对应的真实情境。数学素质的综合性特点表明数学素质需要数学素质的评价方式的多元化，而数学素质的外显性特征需要主体能够把数学素质表现出来。所以，创建适合于学生表现数学素质的情境极为重要。为此，数学素质评价策略关注表现性评价和真实性评价。隆贝尔格指出："我们面临的挑战是怎样创造课程体系，充满着来自社会和政治、经济方面的成果，从而帮助学生理解问题的复杂性，在解题的过程中帮助学生懂得并且发展数学在解决问题中的作用，相应地让他们发挥数学威力。"

真实情境是指主体所面临的一种情境。在这里强调真实情境，因为有些情境是不真实的，通常是为数学知识的应用而有意编写的情境。数学素质教学现状调查结果表明，我国学生对于开放性问题解答的平均正确率落后于国际平均水平，甚至在一些开放性问题上接近平均正确率最低的国家。而这一点与我国长期的数学问题答案的唯一性有关，学生形成只有唯一正确答案的习惯。"由于对一种'正确答案'的文化适应，学生常常对批判性思考或应用材料的尝试畏缩不前。"所以，基于数学素质的特征，构建真实的、开放性的问题情境是数学素质生成的评价关键。美国格兰特·威金斯认为，真实的情境应符合以下标准：①是现实的。任务本身或设计能复制在现实的情况下检验人们知识和能力的情境。②需要判断和创新。学生必须聪明并有效地使用知识和技巧解决未知组织的问题，比如拟订一个计划时，解决方案不能只按照一定的常规、程序，也不能机械地搬用知识。③要求学生"做"学科。不让学生背诵、复述或重复解释他们已经学过的或知道的东西。他们必须在科学、历史或者任何其他一门学科中有一定的探索行为。④重复或模仿成人接受"检验"的工作场所，公民生活和个人生活等背景。背景是具体的，包含着特有的制约因素、目的和群体。⑤评价学生是否能有效地使用知识、技能来完成复杂任务的能力。⑥允许适当的机会去排练、实践、查阅资料、得到关于表现及其作品的反馈，并能使表现和作品更加完善。需要指出的是，数学素质生成的真实性问题要让学生亲自去发现，而不是简单的计算。

总之，数学素质生成的评价需要具有真实情境的问题来激发和引领学生数学素质的外显，促进数学素质的生成。

二、数学素质培养的教学建议

通过梳理国内外关于数学素质的研究成果，通过对数学素质进行内涵的界定、构成要素以及生成机制的系统分析，并结合我国学生数学素质的现状和影响因素，初步得出这样一些结论与建议：

（一）素质教育思想是数学素质培养的落脚点

数学素质的生成是否会影响数学教育的最终目标是数学教学从数学知识的传授走向数学素质生成的一个关键性前提，也就是说数学素质生成的教学策略不能"为素质而素质"。实际上，无论是素质教育的实施，还是数学教育本身的育人价值都表明：数学教育的最终目标是提高学生的数学素质，也只有提高学生的数学素质才能使素质教育思想在数学教育中播种、发芽、生根、成长。从国内外文献的梳理和数学教育的研究中，就会发现培养具有数学素质的合格公民成为数学教育改革的共同目标，而且学生数学素质水平成为国际大型教育组织评价各国教育的状况的重要指标之一。仅仅注重解题训练来提高学生数学知识的传统数学教学越来越受到来自不同领域的挑战。如美国数学家 R．柯朗在《数学是什么》中指出的："两千多年来，人们一直认为每个受教育者都必须具备一定的数学知识。但是今天，数学教育的传统地位却陷入了严重的危机之中。而且遗憾的是，数学工作者却要对此负一定的责任。数学教学有时竟演变成空洞的解题训练。解题训练虽然可以提高形式推导的能力，却不能导致真正的理解与深入的独立思考。相反，那些醒悟到培养思维能力的重要性的人，必然采取完全不同的做法，即更加重视和加强数学教学。教师、学生和一般受过教育的人都要求数学家有一个建设性的改造，而不是听任其流，其目的是要真正理解数学是一个有机的整体，是科学思考与行动的基础。"著名数学家丁石孙指出："使每个人都能受到良好的数学教育，这是远远没能解决的问题。在某种意义上讲，这是个世界性问题。如果把这个问题局限于研究每个人应该掌握哪些数学知识和技能，以及如何把这些东西教好，那么数学教育的问题是解决不好的。更为根本的问题是弄清楚数学在整个教育中的地位与重要性，或者说得更为广泛些，就是要弄清楚数学在整个科学文化中的地位和重要性。"有学者认为："要学好数学，不等于拼命做习题、背公式，而是着重领会数学的思想方法和精神实质，了解数学在人类文明中所起的关键作用，自觉地接受数学文化的熏陶。只有这样才能从根本上体现素质教育的要求，并为全民思想文化素质的提高夯实基础。"数学素质生成的教学强调，在数学教学中，从学生已有的数学活动经验出发，面向全体学生，在数学活动中关注学生的体验、感悟、反思和在真实情境问题中的表现，激发了学生学习的积极性、主动性和自主性，全面体现了素质教育思想。所以，在数学教育中要关注学生数学素质的生成，只有关注数学素质的生成，才能使素质教育思想在数学教育中实施和落脚。

（二）数学素质的内涵与构成要素是数学素质培养的着眼点

通过梳理和分析国内外关于数学素质的定义及其构成要素的分析框架，结合我国数学教育的认识，得出数学素质具有境域性、个体性、综合性、生成性和外显性等特征。数学素质可以表述为：主体在已有数学经验的基础上，在数学活动中通过对数学的体验、感悟和反思，并在真实情境中表现出的一种综合性特征。结合数学的广泛需求、彼得斯的"受过教育的人"的特征、数学课程标准与数学素质关系、国内外数学素质的分析框架及我国国家科学素质框架，提出数学素质应该包括数学知识、数学应用、数学思想方法、数学思维以及数学精神五要素，其中数学知识素质是数学的本体性素质，数学应用、数学精神、数学的思维以及数学思想方法素质是数学知识的拓展性素质。这一表述明确了数学素质教学的出发点、数学素质的教学过程以及数学素质的教学评价的问题。数学素质的内涵蕴含了当前数学教育中的四维目标（知识与技能、数学思考、解决问题、情感与态度）。

（三）数学素质的生成机制是数学素质培养的立足点

数学素质的生成具有过程性、超越性、主体性等特征。从教育学的角度，对数学素质的生成的基础、外部环境、载体、环节、生成标志等构成数学素质生成的机制的几个方面进行系统分析。数学素质生成的基础和源泉是主体已有的数学活动经验；数学素质强调学生在真实情境中的表现，真实情境必然是数学素质教学生成的外部环境；数学素质生成以数学活动为载体；数学素质生成依赖于主体对数学的体验、感悟、反思和表现等环节；数学素质生成的最终标志是个体成为数学文化人。这是数学素质生成的教学立足点。

（四）数学素质的现状和影响因素是数学素质培养的切入点

我国学生的数学素质教学状况：从数学素质的整体性来看，注重数学知识的教学，忽视学生数学素质的全面提升；从数学素质涉及的情境来看，注重数学知识与技能的常规应用，忽视在具有真实的、多样化的、开放性问题情境中的应用；从数学素质的生成过程来看，注重数学问题的解决，忽视学生对问题解决以及对数学的体验、感悟、反思和表现能力的引领；从数学素质生成的课程资源来看，注重课堂教学，忽视社会生活中应用数学的引领。所以，数学素质的生成和教学必须从我国学生的数学素质现状和相关影响因素切入。

（五）培养数学素质的教学策略是数学素质培养的出发点

基于数学素质生成机制和数学素质的现状、数学素质生成的影响因素以及教学策略的特征，初步构建了数学素质培养的教学策略，即以具有真实情境的问题为驱动，注重数学素质不同层面的生成；以多样化的数学活动为载体，引领学生的体验、感悟、反思和表现；以转变师生关系为手段，调适教师的帮助和学生的自主；以数学在现实生活中的应用为依托，开发从教材走向社会生活的教学资源；以真实的、多样化的、开放性的情境问题为工具，激发和引导学生数学素质的表现。实践表明，数学素质生成的教学策略对学生数学素质的培养具有显著的影响。所以，数学素质培养的教学必须从数学素质的教学策略着手。

第六章　数学应用素质的培养

第一节　数学应用意识概述

一、数学应用意识的界定

（一）意识的含义

"意识是心理反应的最高形式，是人所特有的心理现象。"但心理学家对意识至今尚无一个统一的定义。引用我国心理学教授潘菽对意识所下的定义，他认为意识就是认识。具体地说，一个人在某一时刻的意识就是这个人在那个时刻在生活实践中对某些客观事物的感觉、知觉、想象和思维等的全部认识活动。如果只有感觉和知觉而没有思维方面的认识活动，那就不会有意识。例如，我们听到了呼唤声，此时在心理上可能会有两种反应：一是我们只是听到了一种声音，由于当时正集中精力从事某种工作，并未理会是一种什么声音，因而可能"听而不闻"；另一种情况是，我们不仅听到了声音，而且知道是对自己的呼唤，并且做出相应的应答反应。在前一种情况下，虽然有某种感觉产生，但不能说是有意识；只有在第二种情况下，才能说我们是有意识的。

（二）数学应用意识的内涵

数学应用意识本质上就是一种认识活动，是主体主动从数学的角度观察事物、阐述现象、分析问题，用数学的语言、知识、思想方法描述、理解和解决各种问题的心理倾向性。它基于对数学基础性特点和应用价值的认识，每遇到可以数学化的现实问题都会产生用数学知识和数学思想方法尝试解决的想法，并且能很快按照科学合理的思维路径，找到一种较佳的数学方法解决它，体现运用数学的观念、方法解决现实问题的主动性。《普通高中数学课程标准（实验）》关于数学应用意识的刻画，为我们理解数学应用意识提供了依据，具体包括三个方面：

（1）无论从数学的产生还是发展来看，数学与现实生活都有着密不可分的联系。

数学推动了信息化社会的发展，推动了科学技术的进步，被广泛应用于现实世界的各个领域。在数学学习中，只有当学生能主动认识到数学存在于现实生活之中，数学知识才能广泛应用于现实世界，也就是说只有将数学与生活联系起来，学生才能够体会到数学的应用价值，从而充分调动起学习的积极性，才有可能主动地把获得的数学知识、数学思想方法用于解决现实生活问题。

（2）面对实际问题时，能主动尝试着从数学的角度运用所学知识和方法，寻求解决问题的策略。现实世界有许多现象和问题隐含着一定的数学规律，要解决这样的问题，首先需要我们从数学的角度去发现，去探索。如果缺乏应用数学的意识，就会对这些现象和问题视而不见，也就很难解决它们。就像抛硬币这一简单现象，如果人们不能主动地从数学角度研究硬币落下来的规律，那么也就永远无法了解到硬币落下时正面朝上与反面朝上的概率相同的事实。可以说，面对实际问题，能够主动尝试着从数学角度出发，运用所学的数学知识和方法寻求解决问题的策略，是数学应用意识的重要体现。

（3）面对新的数学知识时，能主动地寻找其实际背景，并探索其应用价值。目前，很多教师都注意在引入新知识时，提供一两个实际背景，让学生体会到数学源于生活，但仅仅如此还不够。如果抛开教师提供的实际背景，学生依然无法找到所学知识与现实生活的其他联系，也就无法感受到新知识的应用价值，这显然不利于应用意识的形成。因此，引导学生主动地探求数学知识的实际背景，是增强他们应用意识的重要一环。

事实上，现代生活中处处充满着数学，如天气预报中出现的降水概率，日常生活中的购物、购房、股票交易、参加保险等投资活动中所采取的方案策略，外出旅游中的路线选择，房屋的装修设计和装修费用的估算，等等，都与数学有着密切的联系。培养学生具有较强的数学应用意识，不仅要使他们在面对实际问题时，能主动尝试着从数学的角度，运用所学的知识和方法寻求解决问题的策略，而且在面对新的数学知识时，能主动寻找其实际背景，并探索其应用价值。

二、培养学生数学应用意识的必要性

（一）改善数学教育现状的需要

我国的数学教育在培养社会所需的人才方面有重要的作用，如教育关注学生的智力发展，数学科学就显出了其他自然科学无法比拟的优势。"数学是思维的体操""数学是智力的磨砺石"已得到公认。但是我国目前的数学教育现状已不能适应人才市场的需求，主要反映在课程安排片面强调学科的传统体系，忽视相关学科的综合和创新，教学模式陈旧，课程内容缺少与"生活经验、社会实际"的联系，没有很好地体现数学的背景和应用。教学过程中重知识灌输、轻实践能力的现象仍很普遍，对学生应用能力的培养以及创新精神、创业能力的培养重视不够。1996 年 7 月 1 日，在西班牙古城塞尔维亚市举行的第八届国际数学教育大会上，国外人士对我国数学教育的评论如下："中国取得数学教育的成绩花费了太高的代价，中国学生在考试中表现良好，但忽视创造性能力和应用能力的培养，缺乏个性发展的导向，代价似乎太大。"这恰恰指出了中国学生数学学习的症结：强于基础，弱于创造；强于答卷，弱于动手。造成这种情况的原因有多方面，其中有一点就是人们对数学价值的认识太过单一，至今还有很多人只把数学看作一种逻辑思维。

数学意识是判断一个学生是否具备数学素质的首要条件，它从本质上包含学生应用数学的意识，而这恰恰是我国数学教育在应试体制下长期被忽视的。因此，我们的数学教师必须有一种危机感，在教学中应切实贯彻培养学生应用意识的教育目标。

（二）适应数学内涵的变革

20 世纪以前，从古希腊开始，纯粹数学一直占据数学科学的核心地位，它主要研究事物的量的关系和空间形式，以追求概念的抽象与严谨、命题的简洁与完美为数学真谛。在很长一段时间里，人们普遍认为，只有纯粹数学的概念和演绎法才是对客观世界真理的一种强有力的揭示，是认识世界的工具。而应用数学主要是指从自然现象、社会现象等的研究中产生并着眼于直接解决实际问题的数学，如最优化理论、应用统计等学科。20 世纪以后，这种状况发生了根本改变，数学以空前的广度与深度向其他科学技术和人类知识领域渗透，再加上电子计算机的推波助澜，使得数学的应用突破了传统的范围，正在向包括从粒子物理到生命科学、从航空技术到地质勘探在内的一切科技领域进军，乃至向人类几乎所有的知识领域渗透。这一切都证明数学本身的性质正在经历一场脱胎换骨的变革，人们对"数学是什么"有了重新的认识，即从某种意义上说，数学的抽象性、逻辑性是对数学内部而言的，数学的应用性是对数学外部而言的。人类认识与理解宇宙世界的变化，显然应该从同一核心出发向两个方向（数学的内部和数学的外部）前进。因此，数学教育应该增强数学应用，培养学生的应用意识，改变数学教育要有重视数学内部发展需要的倾向。

（三）促进建构主义学习观的形成

建构主义学习观认为，数学学习并非对外部信息的被动接受，而是一个以学习者已有的知识与经验为基础的主动建构的过程。建构理论强调认识主体内在的思维建构活动，与素质教育重视人的发展是相一致的。现今的数学教育改革，以建构主义理论为指导，强调数学学习的主动性、建构性、累积性、顺应性和社会性。其中前四条性质受认知主体影响较大，而社会性是指主体的建构活动必然要受到外部环境的制约和影响，特别是受学生生活的社会环境的影响。随着科学技术的飞速发展，学生的生活环境、社会环境与过去相比发生了较大的变化。科学技术的发展使学生的生活质量普遍提高，同时，报纸、杂志、电视、广播及计算机网络等多种大众传媒的普及，扩大了学生获得信息的渠道，开阔了学生的视野，丰富了学生的经验和文化。因此，数学教育的改革不应该忽视这些对学生发展的重要影响。

数学的发展，特别是应用数学的发展，使我们感受到数学与现实生活存在紧密的联系，从诸如计划长途旅行之类的日常家务事，到诸如投资业务之类的重大项目管理，再到科学中各种各样的数据、测量、观测资料等，都可以使学生领略到数学的应用，它虽然不像化学中的分子或生物学中的细胞那样生动，但是作为数、形、算法和变化的科学，它同样对人类具有重要意义。因此，在数学教学中适当增加数学在实际中应用的内容，有利于激发学生的学习动机，提高他们学习的主动性和积极性。学生通过对现实生活中现象与事物的观察、试验、归纳、类比以及概括等手段来积累学习数学的事实材料，并由事实材料中抽象出概念体系，进而建立起对数学理论的认识，当然其中也经历了数学理论是如何应用的过程。这样的学习过程，才符合建构主义对学习的认识。

（四）推动我国数学应用教育的进展

我国数学应用教育的发展在历史上经历了一波三折。原来的大纲虽然在一定程度上反映出要重视数学应用的思想，但实际上还是把着眼点放在"三大能力"上，特别是逻辑思维能力。当前，我国正处在以经济建设为中心，建立社会主义市场经济体制的历史时期，世界经济将从工业经济过渡到知识经济，人类已经进入信息时代。随着社会对数学需求的变化，数学应用教育对学生培养的侧重点也有所改变。因此，帮助广大接受数学教育的人员在学习数学知识和技能的同时，树立起数学的应用意识是数学教育改革的宗旨。正如严士健教授所说："学数学不是只为升学，要让他们认识到数学本身是有用的，让他们碰到问题能想一想：能否用数学解决问题，即应培养学生的应用意识，无应用本领也要有应用意识，有无应用意识是不一样的，有意识遇到问题就会想办法，工具不够就去查。所以要让学生像足球队员上场一样，具有'射门意识'。"新一轮数学课程改革已把"发展学生数学应用意识"作为培养理念和总体目标，这就为我国数学应用教育的发展提供了新契机，也将大力推动我国数学应用教育的进展。

第二节　影响数学应用意识培养的因素剖析

一、教师的数学观

很多研究表明，课程与教材的内容、教育思想等会影响教师的数学观，而教师的数学观又与教师的课程教学有着密切的联系。教师不同的数学观会营造出不同的学习环境，从而影响学生的数学观以及学习结果。传统数学教师的数学观把数学看成与逻辑有关的、有严谨体系的、关于图形和数量的精确运算的一门学科，于是学生所体验到的是数学乃是一大堆法则的集合，数学问题的解决便是选择适当的法则代入，然后得出答案。尽管教师几乎一致强调数学与社会实践以及与日常生活之间的联系，却把在日常生活中有广泛应用的数学如估算、记录、观察、数学决定等方面看成与数学无关。

教师在教学实践中对数学应用的理解，存在以下几种认识，如将数学应用等同于理解数学应用题；把数学应用固化为一种绝对的静态的模式；数学应用的教学抛开"双基"让学生去模仿、记忆各种应用题模型。事实上，数学应用不是实际问题经过抽象提炼、形式化、重新处理以后而得出的带有明显特殊性的数学问题，它仅仅是学生了解数学应用的一个窗口，是数学应用的一个阶段。如果把数学应用作为让学生学会解决各种类型的数学应用题，数学应用将会沦落为一种僵化的解题训练，从而失去鲜活的色彩。应该清楚地认识到，对于同一个问题，应用不同的数学知识和方法可能得出不同的结论，从数学观点来看它们都是正确的，哪一个更符合实际要靠实践检验，它是一个可控的、动态的思维过程。因此，我们强调数学应用，绝不是搞实用主义，忽视数学知识的学习，而是注重在应用中学，在学中应用，体现数学"源于生活，寓于生活，用于生活"的数学观。教师之所以会对数学应用存在这样的片面认识，其中一个因素是源于教师所持有的静态的、绝对主义的数学观和工具主义的数学观。

二、学生的数学观

先看这样一组统计资料：

——约有 $1/3$ 的学生认为数学就是计算，解题就是为了求出正确答案；

——不少学生只在课堂和考试时才感觉数学有用，离开了教室和考场就感觉不到数学的存在；

——理科成绩优秀的学生超过半数不愿到数学专业或与数学有着密切关系的专业学习，甚至一些全国高中数学联赛的获奖者也毅然放弃被保送到高校学习数学的机会。

上述种种现象表明，学生对数学的理解和看法具有简单性和消极性，他们的数学观是不完善的，有其片面性。有这样认识的学生很难说他们具有良好的数学应用意识。

一般地，数学观是人们对数学的本质、数学思想及数学与周围世界的联系的根本看法和认识。有什么样的世界观就会有什么样的方法论，一个人的数学观支配着他从事数学活动的方式，决定着他用数学处理实际问题的能力，影响着他对数学乃至整个世界的看法。因此，关注学生现有数学观的状况，是为了让教师认识到，从建立学生良好数学观角度出发来设计教学活动，才能谈得上对学生数学应用意识的培养。高等院校的学生至少应具备如下的数学观：数学与客观世界有密切的联系；数学有广泛的应用；数学是一门反映理性主义、思维方法、美学思想并通过数与形的研究揭示客观世界和谐美、统一美的规律的学科；数学是在探索、发现的过程中不断发展变化的，并在学习数学过程中包含尝试、错误、改正与改进的一门学科。

对学生形成现有的数学观的原因可做如下分析："把数学等同于计算。"在我国数学史上，算术和代数的成果比几何要多，即便是几何研究，也偏重于计算。反映在教材上，无论是小学教材，还是中学教材，抑或是大学教材，数学计算内容远多于数学证明内容。

"把数学看成一堆概念和法则的集合。"教师在教学中精讲多练的方式，把注意力更多地放在做题上；复习课本应帮学生理清所学的知识结构，转换成难题讲解。久而久之，学生看不到或很少看到概念与概念之间、法则与法则之间、概念与法则之间、章节之间、科目之间所存在着的深刻的内在联系，从而存在上述误解，学生也就难以体会到数学的威力、魅力和价值。

"对数学问题的观念呆板化。"现有资料给学生提供的数学问题，如教科书上的练习题、复习题，或者考试题，都是常规的数学题，都有确定的或唯一的答案，应用题则较少遇到，即使遇到也已经过教师的解剖转化为可识别的或固定的一种题型。

"看不到或很少看到活生生的数学问题。"现实生活中存在着丰富多彩的与数学相关的问题，然而由于各种原因，它们与学生的数学世界相隔离，多数学生对这些问题认识肤浅，甚至没有认识，严重削弱了学生数学应用意识的形成。

三、数学教材和教学

（一）教材因素

传统的数学教材体系陈旧。20世纪初，中国数学教学受"中学为体，西学为用"的影响，仿照日本；五四运动后，向欧美学习；新中国成立以后，学习苏联。到了20世纪90年代，基本模式还是60年代的思路，许多方面已不适应时代要求和社会发展了。教材结构"过于严谨"，体系"过于封闭"，内容"过于抽象"。

现行的数学教材，从微观上看，首先，教材中应用题比例过小；其次，教材中现有应用题内容陈旧，非数学的背景材料比较简单，数学结构浅显易见，数学化很直接；最后，现有应用题大多与现实生活无关，与社会发展不同步，不能体现数学在现代生活诸方面的广泛应用。总之，教材中数学的表现形式严谨、抽象，与生活相距太远，即便是少数含有生活背景的数学应用题，经过"数学化"加工，也与现实生活不太贴近，很难体现"数学应用"的真实状态，即源于生活、寓于生活、用于生活，不利于学生数学应用意识的形成。

（二）教学因素

受应试教育或其他方面的影响，传统的数学教育既不讲数学是怎么来的，也不讲数学怎么用，而是"掐头去尾烧中段"——推理演算。教学方法过去主要是"注入式"，现在提倡并部分实施启发式，也不过是精讲多练；教学中强调数学概念的理解以及数学定理、公式的证明和推导，对各种题型进行一招一式的训练，注重学生的记忆和模仿，而不是从实际出发；对于实际问题的解决，则是通过抽象概括建立数学模型，再通过对模型的分析研究返回到实际问题中去的认识问题和解决问题的训练；对应用题教学，则是有计划、有针对性的训练，不能把应用意识的培养落实到平时的教学及每一个环节之中。

任何数学知识都有其发生和发展的过程，教学过程中的"掐头去尾"实际上是剥夺了学生对"数学真实面"理解的机会，对数学的认识势必狭隘、片面。题型的训练短期内会取得一定的效果，但长期如此，学生很难体会到学习数学真正有用的东西——数学思想方法。这种教学只能将学生培养成考试的"工具"，不可能培养学生具有强烈的数学应用意识。

第三节　培养学生数学应用意识的教学策略

一、教师要确立正确的数学观

前面探讨了影响培养学生数学应用意识的因素，从表面上看，教师对数学应用认识的误区，学生对数学应用的片面认识，以及教材、传统教学的不足等，成为教学实践中培养学生数学应用意识的障碍。然而，如果从数学认识的角度出发看这些原因，不难发现矛盾集中在教师对数学的认识上。若教师持有的是静态的数学观，则对"数学应用"的认识将存在明显的不足，在这种数学观指导下设计的有关数学应用的教学活动，就不能很好地达到培养学生数学应用意识的目的。

数学课程改革不仅在总体目标上确立"发展学生的应用意识"，也指出了学生在数学学习中应形成对数学的正确认识，特别是数学现代应用发展表现出的基本特点。《全日制义务教育数学课程标准（实验稿）》对数学的基本特点做了如下的描述："数学是人们生活、劳动和学习必不可少的工具，能够帮助人们处理数据、进行计算、推理和证明，数学模型可以有效地描述自然现象和社会现象；数学为其他科学提供了语言、思想和方法，是一切重大技术发展的基础；数学在提高人的推理能力、抽象能力、想象力和创造力等方面有着特殊作用；数学是人类的一种文化，它的内容、思想、方法和语言是现代文明的重要组成部分。"这些都体现出对数学认识的动态性本质。

学生的数学观是在数学学习的活动中体验和形成的，受教育的各种因素的影响和作用，其中主要影响因素是课堂教学中教师的数学观。教师的数学观是教师教学教育活动的灵魂，它不仅影响着学生数学观的形成，还影响着教师教育观的重构及教师的教育态度和教育行为，进而影响教育的效果。如果教师认为数学是"计算＋推理"的科学，那么他在教学中就会严守数学知识本身的逻辑体系，更多地注重数学知识的传授，强调运算能力、逻辑思维能力和空间想象能力的培养，而不去关心数学知识的学习过程及数学应用问题。

是否应该强调数学应用，如何讲数学应用，这里有个关键问题。我国历来就是重视理论联系实际的，数学教材里也设置了一定数量的实际应用题。但在教学实践中却出现了为抓升学率或应付考试而只把它们当作专项题型来练的现象。如果教师应用意识强，那么讲课中就总能渗透着数学的应用，体现出数学与现实世界的密切联系。因此，只要数学观念问题不解决，即便是讲应用，也并非能突出数学精神。数学应用不应局限在给出数据去套公式那种意义下的应用，它应该包含知识、方法、思想的应用及数学的应用意识。严士健教授指出："教给学生重视应用，不仅是教给学生一种技能，而且有助于培养学生正确认识数学乃至科学的发展道路，认识它们从根本上来说源于实践，同时又发展了自己的独立理论。它们是人类认识世界和改造世界的工具。数学教学内容是人民群众的基本价值素养的一部分，应该让学生具有这种认识。它不仅能培养学生正确的世界观，而且具有非常重要的实际意义。"在这样的观念下，有必要认识与数学应用相关的几个问题：

（一）允许非形式化

形式化是数学的基本特征，即应在数学教学中努力体现数学的严谨化推理和演绎化证明。每一个数学概念的建立、每一个定理的发现，非形式化手段都必不可少。但由于人们看到的通常都是数学成果，它们主要表现为逻辑推理，却往往忽视了创造的艰难历程以及使用的非逻辑、非理性的手段。再加上传统教学"掐头去尾烧中段"的特点，恰好忽略了过程，忽略了有关实验、直观推理、形象思维等方面的体验，造成学生对数学只知其一不知其二的认识。在数学的实际应用中，处理的具体问题往往以非形式化的方式呈现。如何正确地处理好形式化与非形式化的关系即应被看作数学活动的本质所在。培养学生的数学应用意识，把形式化看成数学的灵魂这一观念必须改变。应正确理解数学理论，即形式化的理论事实上只是相应的数学活动的最终产物。数学活动本身必然包含非形式化的成分。这样，在数学概念教学中，就应考虑概念直观背景的陈述以及数学知识的应用。"不要把生动活泼的观念淹没在形式演绎的海洋里""非形式化的数学也是数学"，数学教学要从实际出发，从问题出发，开展知识的讲述，最后落实到应用。

（二）强调数学精神、思想、观念的应用

教学中讲数学的应用，侧重于把数学作为工具用于解决那些可数学化的实际问题，事实上，数学中所蕴含的组织化精神、统一建设精神、定量化思想、函数思想、系统观念、试验、猜测、模型化、合情推理、系统分析等，都在人们的社会活动中有着广泛的应用。对数学应用的正确认识，必然包括一点：数学应用不是"应用数学"，也不是"应用数学的应用"；不是"数学应用题"，也不是简单的"理论联系实际"；而是一种通识、一种观点、一种意识、一种态度、一种能力，包括运用数学的语言、数学的结论、数学的思想、数学的方法、数学的观念、数学的精神等。

如何在数学应用问题的教学中显示出数学活动的特征，教师的数学观就显得尤为重要。如果教师对数学有以下认识："数学的主要内容是运算""数学是有组织的、封闭的演绎体系，其中包含有相互联系的各种结构与真理""数学是一个工具箱，由各种事实、规则与技能累积而成，数学是一些互不相关但都有用的规则与事实的集合"，那么任何生动活泼的数学都会变成静态的解题题型训练。无论是问题解决、数学建模还是数学竞赛、数学应用，都必然如此。为了应付考试的数学应用题教学有些已变成题型教学。如果教师能认识到，"数学是以问题为主导和核心的一个连续发展的学科，在发展过程中，生成各种模式，并提取成为知识"，"数学是一门科学，观察、实验、发现和猜想等是数学的重要实践，尝试和试误、度量和分类是常用的数学技巧"。那么就不难理解数学应用意识的培养不是讲几道应用题就能实现的。教师应注意加强数学与现实世界的密切联系，使学生经历数学化和数学建模这些生动的数学活动过程，这也将会让学生对数学的认识大大改观。

"鸡兔同笼"是中国古代著名问题之一。大约在 1500 年前，《孙子算经》中就记载了这个有趣的问题。书中是这样叙述的："今有雉兔同笼，上有三十五头，下有九十四足，问雉兔各几何？"这四句话的意思是：有若干只鸡兔同在一个笼子里，从上面数，有35 个头；从下面数，有 94 只脚。问笼中各有几只鸡和兔？美国宾夕法尼亚州立大学教授杨忠道先生 1988 年撰文回忆，他小学四年级时的数学教师黄仲迪先生是如何讲授此题的，并认为黄先生讲解的"鸡兔同笼"的题激起了他本人对数学的兴趣，认为是他数学工作的起点。黄先生讲解此题不是给人以结论，求鸡兔个数的公式，而是着重于获得结论的过程，引导学生在获得结论的过程中的观察、分析、思考。公式是一个模式，是一个静态的模式，它能解决一种问题，比如此例中的"鸡兔同笼"问题，却是一种静态的应用；而获得结论过程中的观察、分析、思考形成了一种模式，它可解决一类更广泛的问题，如鸡和九头鸟同笼问题、甲鱼和螃蟹同池塘问题。两者一比，就显出了前者的局限性，而目前的教学正缺乏后者，这与教师的静态的数学观不无关系。

综上所述，从数学应用的实际教学及学生形成的数学观来分析，教师静态的、工

具主义的数学观指导下设计的教学有碍于学生应用意识的培养，动态的、文化主义的数学观应受到教师的重视，并努力应用到教学中来指导培养学生应用意识的教学观念。同时，必须把握一点：数学应用不仅是目的，也是手段，是实现数学教育其他目的不可或缺的重要手段，是提高学生全面素质的有效手段，学生在应用中建构数学、理解数学；在应用中进行价值选择，增强爱国主义情感；在应用中学会创新，求得发展。

二、加强数学语言教学，提高学生的阅读理解能力

数学阅读是一个完整的心理活动过程，它包括语言的感知和认读、新概念的同化和顺应、阅读材料的理解和记忆等各种因素，同时它也是一个不断分析、推理、想象的积极能动的认知过程。这就是说数学阅读是一个提取、加工、重组、抽象和概括信息的动态过程。由于数学语言的高度抽象性，数学阅读需要较强的逻辑思维能力。在阅读过程中，学生必须认识、感知阅读材料中有关的数学术语和符号，理解每个术语和符号，并能正确依照数学原理分析它们之间的逻辑关系，最后达到对材料的本质理解，形成完整的认知结构。

应用题的文字叙述一般都比较长，涉及的知识面也较为广泛。阅读理解题已成为解应用题的第一道关卡，不少学生正是由于读不懂、读不全题意而造成问题解决的障碍。因此，可从以下方面入手：一是要提高学生对数据和材料的感知能力和对问题形式结构的掌握能力，将实际问题转化为数学问题，然后用数学知识和方法去解决问题。二是要提高阅读理解能力。在具体操作中，告诉学生应耐心细致地阅读，碰到较长的语句在关键词和数据上标注记号以帮助阅读理解，同时必须弄清每一个名词和每一个概念，搞清每一个已知条件和结论的数学意义，挖掘实际问题对所求结论的限制等隐含条件。在读题时，要对问题进行必要的简化，能用精确的数学语言来翻译一些语句，使题目简明、清晰。

三、数学应用意识教学应体现"数学教学是数学活动的教学"

从数学的本质来看，数学是人类的一种创造性活动，是人类寻求对外部物质世界与内部精神世界的一种理解模式，是关于模式与秩序的科学。传统的教学按严密的逻辑方式展开，使数学成为一种僵化的原则，绝对和封闭的规则体系。这仅仅反映了数学是关于秩序的科学的一面，也反映了数学是关于模式的科学，是一门充满探索的、动态的、渐进的思维活动的科学。

教学实践中要体现"数学教学是数学活动的教学"，则应把握"数学是一门模式的科学"这一数学本质。具体体现在两方面：一是数学活动是学生经历数学化过程的活动。数学活动就是学生学习数学，探索、掌握和应用数学知识的活动。简单地说，在

数学活动中要有数学思考的含量，数学活动不是一般的活动，而是让学生经历数学化过程的活动。数学化过程是指学习者从自己的数学现实出发，经过自己的思考，得出有关数学结论的过程。二是数学活动是学生自己建构数学知识的活动。从建构主义角度看，数学学习是指学生自己建构数学知识的活动，在数学活动过程中，学生与教材（文本）及教师产生交互作用，形成了数学知识、技能和能力，发展了情感态度和思维品质。每位数学教师都必须深刻认识到，是学生在学数学，学生应当成为主动探索知识的"建构者"，绝不只是模仿者。不懂得学生能建构自己的数学知识结构，不考虑学生作为主体的教，就不会有好的教学结果。

"数学应用"指运用数学知识、数学方法和数学思想来分析研究客观世界的种种表象，并加工整理和获得解决的过程。从广义上讲，学生的数学活动中必然包含着数学的应用。数学应用体现在两个主要方面：一方面是数学的内部应用，即我们平常的数学基础知识系统的学习；另一方面是数学的外部应用，即在生活、生产、科研实际问题中的应用。认识了这个问题可以避免在教学中对数学应用出现极端的行为，因为在实际教学中，这两方面的应用都是需要的。数学应用不能等同于"应用数学"，要让学生学会"用数学于现实世界"。要改变目前教学中只讲概念、定义、定理、公式及命题的纯形式化数学的现象，还原数学概念、定理、命题产生及发展的全过程，体现数学思维活动的教学的思想。只有认清这一点，才能在高等数学教育中培养学生的应用意识和能力。

为了使学生经历应用数学的过程，数学教学应努力体现"从问题情境出发，建立模型，寻求结论，应用与推广"的基本过程。针对这一要求，教师应根据学生的认知特点和知识水平，不同学段都要做出这样的安排，使学生认识到数学与现实世界的联系，通过观察、操作、思考、交流等一系列活动逐步发展应用意识，形成初步的实践能力。这个过程的基本思路是以比较现实的、有趣的或与学生已有知识相联系的问题引起学生的讨论，在解决问题的过程中，出现新的知识点或有待于形成的技能，学生带着明确的解决问题的目的去了解新知识，形成新技能，反过来解决原先的问题。学生在这个过程中体会数学的整体性，体验策略的多样化，强化了数学应用意识，从而提高解决问题的能力。

参考文献

[1] 苏建伟. 学生高等数学学习困难原因分析及教学对策 [J]. 海南广播电视大学学报，2015(2).

[2] 温启军，郭采眉，刘延喜. 关于高等数学学习方法的研究 [J]. 吉林省教育学院学报，2013(12).

[3] 同济大学数学系. 高等数学：第 7 版 [M]. 北京：高等教育出版社，2014.

[4] 黄创霞，谢永钦，秦桂香. 试论高等数学研究性学习方法改革 [J]. 大学教育，2014(11).

[5] 刘涛. 应用型本科院校高等数学教学存在的问题与改革策略 [J]. 教育理论与实践，2016，36(24)：47-49.

[6] 徐利治. 20 世纪至 21 世纪数学发展趋势的回顾及展望 (提纲)[J]. 数学教育学报，2000，9(1)：1-4.

[7] 徐利治. 关于高等数学教育与教学改革的看法及建议 [J]. 数学教育学报，2000，9(2)：1-2，6.

[8] 王立冬，马玉梅. 关于高等数学教育改革的一些思考 [J]. 数学教育学学报，2006，15(2)：100-102.

[9] 张宝善. 大学数学教学现状和分级教学平台构思 [J]. 大学数学，2007，23(5)：5-7.

[10] 夏慧异. 一道高考数学题的解法研究及思考 [J]. 池州师专学报，2006，20(5)：135-136.

[11] 赵文才，包云霞. 基于翻转课堂教学模式的高等数学教学案例研究：格林公式及其应用 [J]. 教育教学论坛，2017(49)：177-178.

[12] 余健伟. 浅谈高等数学课堂教学中的新课引入 [J]. 新课程研究，2009(8)：96-97.

[13] 江雪萍. 高等数学有效教学设计的探究 [J]. 首都师范大学学报 (自然科学版)，2017(6)：14-19.

[14] 同济大学数学系. 高等数学：下册，第 7 版 [M]：北京：高等教育出版社，2014：25.